激励千万心灵的暖心之作

经典珍藏

Become stronger without haste

在安静中，不慌不忙地坚强

墨非————编著

中国华侨出版社

图书在版编目（CIP）数据

在安静中，不慌不忙地坚强 / 墨非编著. —北京：
中国华侨出版社，2016.9
ISBN 978-7-5113-6295-7

Ⅰ. ①在… Ⅱ. ①墨… Ⅲ. ①人生哲学－通俗读物
Ⅳ. ①B821-49

中国版本图书馆 CIP 数据核字（2016）第 218131 号

● 在安静中，不慌不忙地坚强

编　　著 / 墨　非
责任编辑 / 文　蕾
责任校对 / 王京燕
装帧设计 / 环球互动
经　　销 / 新华书店
开　　本 / 710 毫米×1000 毫米　1/16　印张 /18.5　字数 /223 千字
印　　刷 / 北京柯蓝博泰印务有限公司
版　　次 / 2016 年 12 月第 1 版　2016 年 12 月第 1 次印刷
书　　号 / ISBN 978-7-5113-6295-7
定　　价 / 35.00 元

中国华侨出版社　北京市朝阳区静安里 26 号通成达大厦 3 层　邮编：100028
法律顾问：陈鹰律师事务所　　　　　　编辑部：(010) 64443056　　64443979
发行部：(010) 64443051　　　　　　　传　真：(010) 64439708
网　　址：http://www.oveaschin.com　　E - mail：oveaschin@sina.com

前言

　　坚强是人生的必修课，它伴随着蜕变的痛苦，每一次蜕变都意味一次成长，每一场磨难，都是一次洗礼，每一次伤痛，都是一场觉醒。跌倒过、失败过、哭泣过，才会成长，痛苦过、迷茫过、徘徊过，才能找到自己人生的航向。生活也许会让你遍体鳞伤，但每一道伤都不是白白承受的，那些有过伤疤的地方都会变成最坚韧的地带。不经历挫折，你就不可能了解生活的不易；没有狠狠地摔过，你就不会因疼痛而警醒，阻止自己再次犯错；不迷路，你就不会了解柳暗花明的惊喜；不经历漫长的黑夜，你就不会明白光明的宝贵。

　　有人说，青春是一道华美的伤，所以注定逃不开疼痛的感觉，课业的压力、就业的压力以及工作和生活中的种种不如意，都是你在成长过程中躲不开的烦恼，站在人生的岔路口，也许你曾感到茫然而无助，甚至产生过逃避和放弃的念头。其实人生最可怕的不是失败与挫折，也不是你看不到脚下的路，而是勇气和信心的丧失。没有人能一路绿灯，处处坦途，一个人最大的成功并不是畅通无阻地达成目标，在一夜之间平步青云，而是征服所有的险途，把挫折牢牢地踩在脚下，从容地应对世间所有的风雨，在安静中不慌不忙地坚强，在平静中感受成长的滋味。

　　没有人可以轻而易举地实现梦想，也没有人生来就很优秀、很自信，优秀的人也曾有过青葱岁月，自信的人也曾有过自卑的过往，心态平和的人也曾有过痛苦与挣扎，聪明干练的人也曾有过多次失误的尴尬经历。所不同的是，他们成长了，成熟了，变成了更出色的人，而过去的一切都成为了回忆。不要羡慕别人拥有得更多，如果你肯努力，也能收获良多。不要因为别人比你强就心里不平衡，你只看到了他人的成就，却看不到他们背后的付出。

　　人生本就充满坎坷，在我们的人生道路上，时常要面临艰辛的时刻。本书告诉我们，应该直面坎坷，正视艰辛。因为我们需要经历这种时刻才能够更好地成长，心灵才会更加坚强，灵魂才会更加深刻。本书旨在矫正年轻人的不良心态，传播正能量，希望给正经历成长之痛的年轻人带来温暖的抚慰，同时给长期处于迷惘期的广大青年指明方向。希望通过阅读本书，你能更深刻地理解坚强和成长的意义，以乐观积极的态度应对未来生活的挑战。

目录

第一章　只有受伤，才能让人真正成长
01. 每一次跌倒都是为了更好地奋起　/2
02. 漂亮的失败是另一种成功　/5
03. 为跑到终点的最后一名运动员喝彩　/8
04. 一次挫败并不会让你卑微到尘埃里　/11
05. 只要你愿意，随时都可以从废墟里崛起　/14
06. 输得起，才能赢得起　/17
07. 不要为打翻的牛奶哭泣　/19
08. 别让恐惧的阴影击垮你　/21
09. 永不言弃，你才不会被世界抛弃　/24
10. 不为失败找借口，只为成功找方法　/27

第二章　人生没有不可承受之痛
01. 人面对痛苦的能力，超乎你的想象　/32
02. 世上没有愈合不了的伤口　/35
03. 不经破茧之痛，哪来飞翔的力量　/37
04. 直面成长之殇，修复折翼的翅膀　/40
05. 学会温柔地对待自己　/42
06. 客观面对不完美的自我　/45
07. 即使伤痕累累，也要活得潇洒　/48
08. 在刀尖上起舞，痛并快乐着　/50

第三章　把挫折当垫脚石，垒砌生命的高度

01. 挫折也是天赐的礼物　/54
02. 人生不是直线，而是曲线　/56
03. 奇迹都是在厄运中出现的　/59
04. 岁不寒，无以知松柏　/62
05. 流水遇到断崖，才会跌出美丽的飞瀑　/64
06. 让逆境在你的斗志面前屈服　/67
07. 战胜你自己，你将无往而不胜　/69
08. 困难背后总是潜藏着机会　/71
09. 流泪过后，请记得微笑　/74
10. 没有人能替你坚强，除了你自己　/77
11. 百折千回才是真人生　/79

第四章　别让逃避毁了你的机会和前程

01. 有一种危险叫作"鸵鸟心态"　/84
02. 逃避犯错比犯错本身更糟　/86
03. 不怕力不从心，就怕不敢全力以赴　/89
04. 等待会让焦虑加倍　/91
05. 无所事事的代价就是做温水里的青蛙　/94
06. 遇事知难而退，永远越不过眼前的"火焰山"　/96
07. 奋斗者的字典里没有"退路"　/99
08. 勇敢踏出第一步，你的人生才有逆转的可能　/102
09. 用心倾听内心的声音，不要回避真实的自己　/105
10. 总想逃避现实，就会被现实淘汰　/107

第五章　青春因梦想而闪亮

01. 梦想是最好的信仰　/112
02. 当理想照进现实，别轻易倒下　/114
03. 迷茫，是追梦时常有的心态　/117
04. 冷水浇不灭信念之火　/120
05. 别怕跌跤，用自己的脚走出铿锵之音　/123
06. 把握好第一份工作，别让梦想偏离航道　/125

07. 飞翔之前，先学会踏实行走 / 128
08. 自助者天助，爱拼才会赢 / 131
09. 拼命三郎都是被"炼"出来的 / 132
10. 肯吃苦才能登上梦想舞台 / 135

第六章　保持真我本色，别拿别人的标准定义自己的人生

01. 你的优秀无须证明，不要活在别人的认可里 / 140
02. 做最好的自己，不做任何人的复制品 / 142
03. 与其随波逐流，不如另辟蹊径 / 145
04. 走自己的路，让别人说去吧 / 147
05. 平凡并不可耻，平庸才可怕 / 149
06. 弱者在质疑中退缩，强者在质疑中前进 / 152
07. 经得起多大的赞美，就经得起多大的否定 / 154
08. 把嘲笑当成前进的动力 / 157
09. 不要让别人主宰你的心情 / 159
10. 人格独立是一个人成熟的标志 / 162
11. 遇见最美好的自己，收获最美好的情谊 / 165

第七章　超越自卑，点亮心中自信的明灯

01. 妄自菲薄是一种病态 / 170
02. 别拿己之短去比人之长 / 173
03. 人决不能过分看轻自己，但也不能太看重自己 / 175
04. 相信自己，没有什么不可能 / 178
05. 你很渺小，同时也很强大 / 180
06. 永远不要低估自己改变未来的能力 / 182
07. 像掘金一样挖掘你的潜能 / 185
08. 要想华丽转身，你必须先相信自己 / 187
09. 用自信的翅膀逆风飞翔 / 189
10. 在尝试中寻找信心，在冒险中寻找突破 / 192

第八章　心态决定命运，改变心态改变一生

01. 生活不是甜点，也不是黄连，苦乐参半才是人生常态 / 196
02. 如果上帝抛给你一个酸涩的柠檬，请把它榨成甘美的果汁 / 199

03. 与其整天抱怨，不如努力奋斗 /201
04. 如果你知道自己要去哪里，全世界都为你让路 /203
05. 只要心是晴的，人生便没有雨天 /206
06. 以平常心看待成败得失 /209
07. 改变不了环境，可以改变心态 /211
08. 珍惜你所拥有的，不看你没有的 /214
09. 在绝境中寻找希望 /217
10. 别让等待变成一种遗憾 /219
11. 停止自我折磨的独角戏 /222

第九章　宽容的心态，感恩的情怀

01. 最愚蠢的事莫过于拿别人的错误惩罚自己 /226
02. 感谢折磨过你的人，因为他磨炼了你的心志 /228
03. 感谢羞辱你的人，使你增强了完善自我的决心 /231
04. 原谅别人无心的伤害 /234
05. 宽容别人就是善待自己 /237
06. 放弃对抗的姿态，和世界讲和 /239
07. 爱，永远比恨更有力量 /242
08. 告别"温室花朵"角色，学会感恩和担当 /245
09. 割掉心灵上的"毒瘤"——怨恨 /248
10. 善良是抚平伤痛的良方 /250

第十章　努力提升自我，在蜕变中完成超越

01. 成熟比成功更重要 /254
02. 做命运的主人，把握自己的人生之舵 /257
03. 在最平凡的岗位上闪光 /259
04. 大材小用比没有用途好 /262
05. 在尝试中重新定位自己 /265
06. 淡化弱点，强化自身的相对优势 /267
07. 提升核心竞争力，让自己变得不可替代 /270
08. 不断给自己充电，才能与时俱进 /273
09. 增强你的附加值 /275

第一章
只有受伤，才能让人真正成长

　　人不受伤，就不能真正成长和坚强。有时候伤害也能转化成滋养生命灵性的正能量，它能在潜移默化中让你变得更加坚韧和顽强。所有的磨难都是命运的苦心安排，是为了成就一个更加优秀的你。即使跌倒 1000 次，你也要 1001 次地爬起，不要恐惧失败，不要计较输赢，失败不过是支小插曲，它不代表结局，敢于跌倒、敢于失败你才会有机会赢得漂亮。人生最大的失败，不是遭遇了滑铁卢式的命运转折，而是永不失败和不敢失败，因为这就意味着你永远碌碌无为。

　　挫败会带来伤痛，可伤痛并不完全是负面的东西，它会让你更加警醒，更清楚地了解自己的短处和不足，也会为你提供宝贵的人生经验，促使你更加健康茁壮地成长。只要你不肯放弃，世上就没有任何力量可以打败你，束缚你的是你自己，成就你的也是你自己。如果你能学会在伤痛中成长，就能搏出最精彩的人生。

01. 每一次跌倒都是为了更好地奋起

> 每一次跌倒，都是上天给你的人生所设置的障碍，它以此来考验你的意志和耐力，这时，如果你爬起来了，它将会给你意料之外的回报作为奖赏。

在成长的道路上，每个人都会跌跤，期末考试考砸了，功课亮起了红灯，看着可怜巴巴的分数很想躲起来大哭一场；走出校园的象牙塔，起初对未来充满了美好的期待，跃跃欲试地要为自己开辟一个崭新的天地，可是作为一个涉世不深的职场菜鸟，经验不足，动手能力差，在工作中频频出现差错，不止一次地把事情搞砸，一次次受挫使我们对自己越来越没有信心……我们都在跌跤中成长，一次又一次地摔跟头，似乎从来没有打赢一场漂亮的战斗，难道我们的人生就只有失败？诚然，跌倒会让我们很受伤，但是这个不愉快的经历对于年轻的我们而言既是教训，也是历练，更是人生的一笔宝贵财富。

乔利·贝朗曾经是巴黎一个贫民家庭的孩子，因为家里贫穷，所以13岁就外出打工。因为年纪小，没有哪个工厂肯聘请他。流浪了几年后，经朋友介绍到一个贵族家庭的厨房里当了一名小杂工。他每天的工作就是杀鸡、杀鱼、拖地、扫厕所，几乎包揽了全部脏活累活。他一天至少要干12个小时，而所得的工资连一只鸡都买不到，但他仍然感到非常满足。他总是省吃俭用地将辛苦赚来的钱攒起来，养活自己贫困的家。

第一章
只有受伤，才能让人真正成长

就是这样紧巴巴的日子也不长久。一天半夜，乔利被一阵急促的敲门声惊醒。原来贵夫人第二天一早要去赴一个约会，要乔利立即将她的衣服熨一下。因为实在太困了，他不小心将煤油灯打翻，灯里的油滴在了贵夫人的衣服上。

乔利被吓坏了，他就是打一年工恐怕也买不来那件昂贵的衣服。贵夫人坚决要求乔利赔偿，给她白打一年工！乔利沮丧极了，但当他答应给贵夫人白打一年工后，他也得到了那件衣服。

其实那件衣服只是弄脏了一点而已，如果将它送给母亲穿，她一定会很高兴。但他不敢将这件事告诉母亲，她会很伤心的。于是乔利将那件衣服挂在自己的窗前以警示自己别再犯错。

一天，他突然发现那件衣服被煤油浸过的地方不但没脏，反而将原有的污渍消除了。经过反复试验，乔利又在煤油里加了一些其他的化学原料，终于研制出了干洗剂。

一年后，乔利离开了贵夫人家，自己开了一间干洗店。世界上第一家干洗店就这样诞生了。

乔利的生意一发而不可收，几年间他便成了让世界瞩目的干洗大王。如今，干洗店遍布世界的每一个角落，人们在享受他发明的干洗剂的同时，也记住了他的名字——乔利·贝朗。

生活中，我们可能也有过类似于乔利的经历：高考失利，成绩较好的你阴差阳错进了一所普通学校，毕业后找不到工作，无奈只能创业，最终却凭自己的毅力成为了有名的企业家；事业顺风顺水时，忽然跌到了谷底……每次在经历惨痛的跌倒时，绝望便会如影随形，但是你别忘了，人面临绝望的时候，往往意味着新的希望和开始。一切危机的尽头，往往都是转机，山穷水尽的地方，往往会柳暗花明。其实，这个世界上并没有真正的绝境，有的只是绝望的思维。每一次跌倒，都是上天给你的人生所设置的障碍，它以此来考验你的意志和耐力，这时，如果你爬起来了，它将会给你意料之外的丰厚的回报作为奖赏。所以，当我们的梦想、目标或人生信念遭受"重创"时，千万别轻易放弃，绝望的极点一定会有新的希望在等着你。

肯德基的创始人哈兰德·桑德斯的人生充满了挫败，他六岁时父亲就去世了，外出工作的母亲无暇照料他，因此小小年纪他便学会了煮饭。14岁时他辍学到印第安纳州的一家农场打工，后来又开过铁艺铺，卖过保险，推销过轮胎，还尝试过经营渡船业务和汽车加油站，可惜他没有做成一件事，转眼他步入了中年，除了无数次失败的经历他什么都没有，人们认为他是毫无指望的，就这样，他一直熬到了退休。

退休后他得到了105美元的福利金，他用这笔钱开了一家快餐店，取名为肯德基家乡鸡，以后的故事便是人们所熟知的了，一家小小的快餐店发展成了全球连锁的跨国餐饮公司，并一跃成为了世界第二大速食及最大的炸鸡连锁企业。

多少年轻人曾羡慕过哈兰德·桑德斯的成功，但有谁会想到，是失败的经历成就了今天的他，其实一个人曾经摔倒过多少次并不重要，重要的是你从屡次的失误中学到了什么，如果你能充分吸取教训，就能为下一次的奋起做好准备。没有人会永远失败，只要你咬牙熬过最黑暗的时光，也许转角就能遇见阳光。

02. 漂亮的失败是另一种成功

> 失败并不可悲，也不可鄙，它只是一种经历而已，而人在实现理想的过程中表现出来的勇气、意志力以及不懈的追求等，才是不可忽视的珍贵财富。

人人都喜欢成功者，名列前茅的学生总是受到老师表扬，业绩最好的员工总能拿到最丰厚的奖金，又有谁真正关注过失败者呢？在我们看来，失败就意味着不优秀，别人失败，我们对其不屑，自己失败，我们会感到羞愧、痛苦、无地自容。没有人会以失败为荣，可是我们忘记了一个人的成败不仅与个人能力有关，还和机会、运气等各种错综复杂的客观因素有关，成败只是一个结果，我们并不能用它来评价和定义一个人，因为在某些情况下，有的人虽败犹荣。

只要对南极略有了解的人都知道，位于南极南纬90°的科学实验站叫阿蒙森—斯科特站，它是以最早登陆这里的两名著名的科学家命名的。英国人斯科特是一名富有冒险精神的科学家，他一直渴望征服南极，于是在1910年夏天带着一支探险队浩浩荡荡地向南极进发了，第二年10月，他们到达了新西兰的埃文斯角附近的陆地，为登陆南极点做着积极的准备。

就在这时，斯科特听说挪威人阿蒙森带着另外一支探险队正赶往南极，为了不让竞争对手抢先，斯科特带着探险队提前一个月出发了。在通往南极的路上，他们遭遇了恶劣的天气，负责拉雪橇的爱斯基摩狗跑掉了，矮种马也冻死了，他们只能靠人力拉雪橇前进，速度大打折扣，最后他们远远落在了阿蒙森的后面。阿蒙德和他的队员率先登陆了南极点，斯科特约晚五个星期才到达目的地。在返回途中，斯科特和他的科考队在冰天雪地中苦苦挣扎了两个月，他们饥寒交迫，体力渐渐耗竭，最后倒在了皑皑的冰雪之中，再也没有醒来。

在这场角逐中，胜利者无疑是挪威人阿蒙森，而英国人斯科特失败了，可是作为一名科考队员，其勇于征服自然的崇高精神将永载人类史册，正因为如此，人们在铭记阿蒙森时，也牢牢记住了斯科特的名字，并把他的名字作为了科学实验站的一部分。在职场生活中，我们绝大多数人可能都不会有争夺世界荣誉的机会，但是如果能充分发扬斯科特一往无前的勇敢精神，那么即使最终失败了，人生也没有什么遗憾了，因为我们已经做到了最好，这种漂亮的失败其实也是另一种成功。

韩晓菲是一名年轻的皮鞋设计师，比起公司里其他的员工，她的资历是最浅的，设计的款式也略显稚嫩，每次有新产品出炉，名单里都没有她的名字，因为她设计的东西常常不能通过。韩晓菲也怀疑过自己的选择，她想或许她根本就没有设计天赋，可是做一名优秀的皮鞋设计师是她从小立下的志愿，她不甘心就这样早早地放弃最初的梦想。

后来公司宣布举办一场设计大赛，设计优胜者将获得一笔优厚的奖金，胜出的小组将得到一次去三亚旅游的奖励。分组的时候发生了争执，起因是谁都不希望韩晓菲加入自己的团队，因为大家觉得她会给整个设计队伍拖后腿，最后在部门经理的调停下，A组被迫接纳了她，理由是A组的资深设计师数量超过B组，为了公平起见，理应吸纳一名新人。

第一章
只有受伤,才能让人真正成长

接下来的日子里,整个设计部门都在为比赛备战,韩晓菲是其中最努力的一个,她不仅翻阅了大量的时尚杂志,尽心揣摩经典创意,还利用业余时间跑遍了皮鞋工厂和鞋店,虚心向不同的人群请教,认真倾听店员、工人、消费者对于不同款式皮鞋的看法,并把所有的信息详细记录在了日记里。她把别人喝咖啡的时间都用在了思考创意上,终于捕捉到了一点灵感,在临近大赛之际设计出了几款略为成熟的产品。

很快,设计大赛的结果就公布下来了,韩晓菲有两款设计入选,其他的设计师大都有五至六款设计入选,结果韩晓菲所在的小组输给了对手,韩晓菲也成了整个部门的最后一名。可是经理并不感到失望,反而在大会上表扬了她,他说:"韩晓菲刚刚入行不久,她的努力大家是有目共睹的,虽然在设计大赛中她失败了,因为她通过的设计款式最少,可是她的设计水准明显提高了很多,这点是值得肯定的。失败了不要紧,只要已经尽到了最大的努力,发挥到了最高的水平,那么败也败的光荣。我相信,韩晓菲以后会做得更好。"

在多数情况下,人们习惯了以成败论英雄,在为优胜者欢呼时,往往忘记了失败者身上体现出的可贵精神,其实失败并不可悲,也不可鄙,它只是一种经历而已,而人在实现理想的过程中表现出来的勇气、意志力以及不懈的追求等,才是不可忽视的珍贵财富,因此不要因为自己一时的失败而否定自身的价值,就算你挽回不了败局,注定要经历一次惨败,也要以昂扬的姿态迎接它的到来,记住,没有什么可以夺走你的骄傲,只要你不低头,成也英雄,败也英雄。

03. 为跑到终点的最后一名运动员喝彩

> 在人生的舞台上，不是只有冠军才值得喝彩，落后者如果能始终忠于自己的职责，像恒星一样发光发热，即便不能大放异彩，也同样能获得赏识和青睐。

在各种激烈的竞争中，第一名的光环都是最吸引人的，它代表着最高荣誉，所以高考状元成了一所学校的骄傲，销售冠军成了一个团队的荣耀，各行各业的领跑者都在奋力争夺第一的旗帜，所有人都以落后为耻，谁又肯为坚持到最后一秒钟的落败者喝彩呢？

人们永远记得第一名的名字，却从来没有留意过最后一名，即使他身上也有不少闪光点，比如不耻最后、坚持到底的精神。如果你无缘第一名，不幸成了最后一名，譬如考试成绩位列全班倒数第一，在运动会上最后一个跑到终点，参加各类大赛，都没有取得名次，头上永远甩不掉倒数第一的帽子，工作之后业绩排到最末，那么你又会怎么看待自己呢？毫无疑问你会认为自己是世界上最差劲的人。如果你那样想就错了，如果说人生的种种都是一场竞技比赛，坚持到最后其实也是一种胜利，因为这样做需要莫大的勇气，如果在这种情况下没有人为你鼓掌，那么请学会为自己喝彩。

约翰长得非常瘦弱，却有一种坚持到底的倔强精神。有一次学校举办运动会，他参加了长跑项目，所有的参赛者都比他强壮得多，比赛还没有开始，同学们就开始为他担心了。当裁判宣布比赛开始时，运动员们就像脱缰的野马一样冲了出去，把瘦小的约翰远

第一章
只有受伤,才能让人真正成长

远甩在了后面,约翰是没有希望获胜的,他的个子太矮,腿也太短,步幅非常小,这些都是他身体上的劣势,但是他很有耐力,满头大汗地追在别人后面跑,跑到中途已经累得上气不接下气了,脸色也变了,可是他就是不肯退场。

绕着操场跑到第三圈时,约翰不小心跌了一跤,摔伤了膝盖,人群中有人高喊:"约翰,放弃吧,你不可能赢得比赛的。"约翰却对这个声音不加理会,他来不及揉一下红肿的膝盖,咬紧牙关站了起来,一瘸一拐地向前冲去。他是最后一个到达终点的选手,没有人为他欢呼,老师和同学把所有的喝彩声都给了前三名参赛者,大家只是关心他的腿伤,忙着为他消毒和擦药水。

若干年后,约翰和长跑比赛的冠军见面了,两人都已事业有成,那名冠军成了当地最有名的长跑运动员,而约翰成了一名出色的马拉松运动员,他屡次在各种大赛中表现抢眼。长跑冠军对于约翰的变化感到不可思议,他说:"以前我认为你永远成为不了运动员,因为你总是倒数第一名。"约翰笑笑说:"在体能上,我远远比不上你,可是在耐力上我却远远超过你,即使是最后一名我也会坚持到最后一秒钟,所以我成为了我想成为的人。"

但凡竞技比赛,必有输赢,遥遥领先的人当然有直奔终点的动力,而跑在后面的人眼见胜利无望,有的人意志便松懈下来,退出了赛场,可是仍有一些人即使是最后一名也能坚持到终点,这就是不耻最后的精神。在人生的舞台上,不是只有冠军才值得喝彩,落后者如果能始终忠于自己的职责,像恒星一样发光发热,即便不能大放异彩,也同样能获得赏识和青睐。

程琳大学毕业后,只身前往南方发展,经过一番努力,终于在一家效益不错的公司谋到了一个销售职位,被同一批录取的还有另外两个女孩,公司规定试用期为一个月,如果她们的能力与公司要求相适应，将被聘用为正式员工。在试用期内，程琳和另外两个女孩工作都十分卖力，三个女孩努力地熟悉业务，积累经验，积极与客户打交道，体现出了较强的工作能力。

到了被试用的29天，公司依据她们的营业能力逐项为其打分，三个人表现都很出色，几乎相差无几，但是严格地按照考核制度，程琳比另外两个女孩低了两分。公司实行的末位淘汰制，部门经理在看完考核结果后，面无表情地对程琳说："明天是你最后一天来上班，后天你到财务部领完工资就不必再来了。"

最后一天上班时，两个通过考核的女孩对程琳说："明天公司会发给你一个月试用期的工资，今天你可以早点下班，你不是正式员工，没有人会计较这些。"程琳却说："今天虽然是我最后一天上班，可是我在一天就要尽到自己的职责，昨天的工作我还有些没有做完，把剩余的工作全部完成再离开也不迟。"说完，程琳开始认认真真地处理未完成的工作。到了下午四点钟，最后的工作也完成了，又有人劝她可以提前离开，可是她却笑着摇摇头说："今天我要像往常一样，和大家一起下班。"说罢，她从容地拿起抹布开始仔仔细细地擦拭起自己的办公桌来，坚持和其他员工一起离开办公室。

第二天，程琳到财务部领工资时，遇见了部门经理，部门经理一改之前对她的冰冷态度，出言挽留说："你不要走，从今天起，你就到质量检验科上班吧。"程琳简直不敢相信自己的耳朵，她没想到已经被辞退的自己居然又被留用了。部门经理解释说："昨天我默默地观察你好久了，你对待工作很认真，而且有坚持到底的信念，这一点实在是太难得了。恰好我们公司质量检验科需要一名质检员，我想你一定能把那份工作干得很好。"

你可以不优秀，但是不可以不努力，你可以不是第一名，可是却不可以轻易放弃，纵然你并不出类拔萃，但是甘愿为自己所从事的事业洒尽最后一滴汗水，倾尽最后一份热量，能矢志不渝地坚守到最后一刻，单凭这种精神，你就是不同凡响的。纵使在竞争中落败，别人也能看到你的光芒，这就是坚持的力量。

04. 一次挫败并不会让你卑微到尘埃里

> 其实，一次挫败没有什么大不了，它并不能让你卑微到尘埃里，它只是你前进道路上一段小小的插曲而已，不要把它视作最后的悲歌，只有用正面的态度对待失败，你才能奏出旋律昂扬的凯歌。

在失败面前有两种人，一种人把失败看成灾难，受到一点打击就一蹶不振，于是一次偶然的失败就成了他人生的滑铁卢，从此他再也没有站起来。第二种人把失败看成考验，越挫越勇，屡败屡战，直到最终转败为胜。

在现实生活中，我们经常看到这两种截然不同的表现，比如在求职时，有的人四处碰壁，发出无数简历都石沉大海，然而却不肯放过任何一次机会，依旧马不停蹄地转战各大人才市场，在经历漫长的煎熬和等待后，终于有了回音，得到了一份不错的工作。有的人在学校里有着漂亮的成绩单，履历光鲜，又有名校文凭，可是步入社会后，稍有不顺，就把失败演变成了劫难，意志力如此薄弱，不禁令人唏嘘。

李维是名牌大学的毕业生，他的成绩在学校一直名列前茅，是老师眼里最有前途的学生之一。李维年轻气盛，很有志向，毕业之后急于证明自己的价值，他把目标瞄准了国内知名的商贸企业，精心制作了自己的简历，有的放矢地在网上投了几份，然后便待在租住的公寓里等消息。一个星期后，他收到了面试通知，招聘方是一家大型连锁商贸集团公司，室友得知这个消息后，十分羡慕，他自己也感到非常高兴，心想这么多年努力学习总算有了回报，终于有人赏识他这块璞玉了。

面试当天，李维刻意穿了一套职业化的正装，还认真地打了领带，希望在形象上为自己赢得几分。面试官一边翻看着简历一边用余光打量他，略有迟疑地说："你的简历做得非常漂亮，从简历上看，你应该是个非常优秀的年轻人。"李维摸不准他的口气，不知道面试官是在夸赞自己，还是怀疑自己名不副实，于是他忙把简历上的介绍又重复了一遍，极力证明简历内容的真实性。

面试官默默地听完之后，转换了话题，一连问了好几个问题，诸如怎样看待这家企业，想在企业获得怎样的发展以及认为自己在胜任岗位上具备何种优势等，李维对这些问题没有准备，回答得吞吞吐吐，这场面试进行得很不顺利，面试官显然也失去了耐心，只是淡淡地告诉他一个星期内会通知他是否被录用。

李维垂头丧气地走出了办公大厦，之后一个星期都闷闷不乐，虽然没有被录用，招聘方仍然给他打了一通电话，出于好意，面试官诚恳地指出了他存在的种种问题，比如准备不充分，讲话缺乏条理性，随机应变能力差，没有突出的优势，等等，希望他继续努力。然而这番鼓励在李维听来就是一种彻底的否定，他从小到大听到的都是夸赞，没有人指出过他的缺点，在学业上他顺风顺水、一路绿灯，从来就不知道什么是失败。这次打击对他来说实在是太大了，从此他就好像是变了一个人，不想找工作，也不想工作，浑浑噩噩地度日，靠做各种非正式的兼职工作维生。30岁那年，他以追求自由为由摆起了地摊，35岁时他在一家杂货店找到了一份店员的工作，这份工作后来发展成了他的长期职业。就这样，这个本该有着大好前途的名牌大学毕业生，因为一次失败毁掉了自己一生的职业生涯。

李维并不是败给了一次不成功的面试，而是败给了他自己，他没有勇气面对失败，这是他自毁前程的根本原因。我们知道一个人无论有多么了不起，曾经取得过多少次辉煌的胜利，也不可能百分之百地避免失败，失败一次就陷入绝望的人，注定会成为最后的输家，唯有不畏失败，屡仆屡起的人才能获得最后的胜利。

我们来看一下美国总统林肯的简历：22岁做生意失败；23岁竞选州议员失败；24岁做生意再次失败；25岁成功当选为州议员；29岁竞选州议长失败；34岁竞选议员失败；37岁当选为国会议员；39岁没能成功连任国会议员；46岁竞选参议员失败；47岁竞选副总统失败；49岁竞选参议员再次失败；51岁当选为美国第16届总统，从此在政坛大展拳脚，凭借着自己的智慧、果敢和非凡的领导能力，结束了南北战争，废除了奴隶制度，成为深受美国人民爱戴的杰出政治领袖。

纵观林肯的一生，九败三胜，失败的次数显然要多于成功的次数，面对接二连三的打击，林肯没有屈服，信念始终无比坚定，纵使失败1000次，他也能1001次地站起来，这才是胜利者的姿态。其实，一次挫败没有什么大不了，它并不能让你卑微到尘埃里，它只是你前进道路上一段小小的插曲而已，不要把它视作最后的悲歌，只有用正面的态度对待失败，你才能奏出旋律昂扬的凯歌。

05. 只要你愿意，随时都可以从废墟里崛起

> 只要你愿意，随时可以为自己的命运重新洗牌，只要你不肯认输，没有人可以将你彻底打败，就算你辛苦经营的一切化作了一片废墟，你仍然有机会骄傲地崛起，书写属于自己的传奇。

有句话说得好，年轻没有失败。年轻的你，还有漫长的道路要走，手里握着大把大把的时光，身边始终存在着各种各样的机会，只要你不轻易言败，随时都可以重整旗鼓、东山再起。当然，这需要十足的信心、勇气和忍耐力，意志不坚定就可能临阵退缩，可是一旦你成为了从失败的废墟里爬起来的那个人，无论成败，在精神上你都俨然成了一个巨人。

有过失败的经历并不是什么羞耻的事，没有失败经历的人才需要反思，因为只有不采取任何积极的尝试和行动才能保证零失败。那些在商场上叱咤风云的企业家，在赛场上所向披靡的运动员，在银幕上大红大紫的明星，哪一位没有经历过失败呢？人都要经历从青涩到成熟的蜕变过程，而失败就是最好的催化剂，当求职不顺的时候，你才会意识到只有一纸文凭是不行的，只有更好地充实自己才能在社会上赢得一席之地，当你在职场上不断地碰钉子时，你才会明白经验的重要性，日后会花更多的精力提高自己，人几乎是在一瞬间长大的。

林峰步入社会后，发展得很不顺利，他在第一家公司表现不佳，结果没过试用期就被辞退了。在外地打拼的他，还来不及沮丧

第一章
只有受伤，才能让人真正成长

和悲伤，就必须为了明天的面包找下一份工作。他一边在网上投简历，一边定期到人才市场求职，面对着黑压压的人群和高标准的招聘条件，他对自己完全没有信心，只能暗暗乞求上苍给自己抛下一枚橄榄枝。

好不容易才得到了一次面试机会，林峰终于在黑暗中看到了一丝光亮，可是当被问及为什么从第一家公司辞职时，他感到非常尴尬，略为犹豫了一下之后，他坦陈了自己被解雇的经历。负责面试他的主管听到他的回答有些吃惊："年轻人，你很诚实，我面试过很多有类似经历的人，他们都是想方设法把责任推到原来的公司上，或者编造一些看似可信的借口，没有人承认自己的失败。那么你是怎么看待自己之前的失败经历的呢？"

林峰回答说："我想很多人在第一次做事情的时候都会失败，一次失败并不能定终生，如果贵公司能给我一次机会，我一定会加倍努力工作，重新证明自己的实力。"主管赞许地点点头，当即表示愿意考虑聘用他。三天之后，林峰接到了通知他正式上班的电话。他果然没有让主管失望，从进入公司的第一天起，工作就十分卖力，凭借着一腔热血和十足的干劲，他在研发部门干得风生水起，获得了领导和客户的一致认可。

主管很庆幸没有错过他这样的人才，扬眉吐气的他也庆幸地想，如果自己当初被一时的失败击垮，是不可能取得今日的成就的，他给了自己第二次机会，所以痛过之后才获得了新生。

失败是人生的一种必经经历，它本身并没有那么糟糕，透过失败你可以充分认清自己的不足，不断地查漏补缺，以此实现自我超越。从这个角度来看，失败会促成人的成熟和成长，所以不要被暂时的失败击倒，它不过是黎明来临前的黑暗，无论表面看来有多么阴森可怖，都无法阻挡曙光的到来。

苹果公司的灵魂人物乔布斯一手缔造了属于自己的商业神话，作为一名身价不菲的商人，他是成功的，作为一个具有卓越创新意识的创造性人才，他同样是成功的，可是这并不意味着他的人生里没有失败，他同样失败过，而且败得很惨。

1985年，乔布斯的人生发生了戏剧性的转折，这位具有传奇色彩的天才竟被董事会逐出了自己创办的公司。

乔布斯所有的心血都付诸东流，这次的打击对他而言无疑是晴天霹雳，然而黯然离开后他并未因此消沉，而是马不停蹄地展开了新的计划。辞职仅仅几天后，他就着手创办了NeXT电脑公司，作为自己事业的另一个起点。后来他又从乔治·卢卡斯手中收购了一家数字制图公司，将其命名为皮克斯公司，该公司制作出了火爆一时的《玩具总动员》等热卖大片，为乔布斯赢得了巨大的财富和声誉，也使他打了一场漂亮的翻身仗。

乔布斯离开苹果后，由于经营不利，公司陷入了巨大的危机之中，步履维艰的苹果公司为了挽回颓势，力邀乔布斯回公司重新主持事务。乔布斯答应了，经过一番努力，他不但使日渐衰微的苹果公司扭亏为盈、重振雄风，还使其市值最高的巨头公司之一，成为了商业史上的一个传奇。

乔布斯的人生是曲折的，他经历过重大挫败，几乎输掉了一切，可是面对残酷冰冷的现实，他选择了锐意进取而不是坐以待毙，所以他成为了从废墟里站立起来的巨人，而没有沦为匍匐在命运脚下的可悲者。漫漫人生路，起起落落本是常态，不要为过往的失败懊恼不已，只要你愿意，随时可以为自己的命运重新洗牌，只要你不肯认输，没有人可以将你彻底打败，就算你辛苦经营的一切化作了一片废墟，你仍然有机会骄傲地崛起，书写属于自己的传奇。

06. 输得起，才能赢得起

> 人生就如同棋局，谁也不可能成为永久的赢家，无论输与赢都是偶然之中的必然，只要你尽最大的努力博弈了，输和赢都一样精彩。

白岩松说："我看到年轻人经常在两个路途中倒下，一个是经不起失败，一个是扛不住表扬。"的确，现在很多年轻人经不起打击，也经不起赞美，输一次就一败涂地，刚刚取得一点成绩获得一点肯定，就开始飘飘然，以为自己无所不能。我们常常看到有些人得意忘形，有些人黯然神伤，在学校里，我们只要通过学生的表情就可以判断出谁拿了高分，谁又一次考试势利；在职场上，总有人眉飞色舞、得意扬扬，也总有人愁眉苦脸、唉声叹气，其实输几次赢几次没有什么了不起，因为所有的记录都将成为过去。

1998年世界杯足球赛，一向战果辉煌的巴西队没有夺得冠军的桂冠，只是屈居亚军，整个球队都陷入沮丧的情绪中。队员们垂头丧气地抵达了机场，又有不少球迷抗议他们在赛场上的表现，这使得队员的情绪更为糟糕。忽然在人群中出现了一幅暖人心的标语："一切都会过去！"简简单单一句话代表着对这些驰骋赛场的体育健儿们的无限理解，队员们被深深打动了，是的，一切都将成为过去，所有最好最坏的日子连同惨败的记忆，都将成为过眼烟云，而真正的希望属于未来，属于明天。

在随后的四年里，巴西队痛定思痛，不断提升自己的竞技水平，终于在2002年举办的世界杯足球赛上一举夺得了冠军。回国的时候，机场人潮汹涌，这次的气氛和四年前大不相同，人们沉浸在胜利的喜悦中，然而在欢迎的人群中又出现了一条横幅，内容和四年前一模一样："一切都会过去！"队员们心领神会地相视一笑，觉得这是一个非常好的提醒，阴霾成为了过去，辉煌也一样可以成为过去，输与赢都已然成了过去式，他们必须做足准备清空自己，进入新一轮的奋斗中，继续刷新自己的纪录。

兵法云，胜不骄，败不馁，胜败乃兵家常事。人生就如同棋局，谁也不可能成为永久的赢家，无论输与赢都是偶然之中的必然，只要你尽最大的努力博弈了，输和赢都一样精彩。无论昨天你有过怎样的纪录，是输得狼狈不堪，还是赢得风光无限，都将成为历史，唯有把握好当下，你才能掌握未来的主动权。有的人把一时的输赢看得太过重要，输掉几局就再也看不到希望了，从此浑浑噩噩，消极度日，如此输不起的人又怎么会赢得起呢？成败本身没有那么重要，最要紧的是心态，既能赢得起也能输得起的人，才能到达光辉的顶点。

秋天的一个下午，一位年轻的中国留学生心事重重地在美国麻省理工学院的校园里游荡着。他远涉重洋，千辛万苦地来到美国求学，起初是满怀着梦想和希冀的，可是初到异国他乡，他遇到了很多现实的问题，文化隔阂，语言不适，生活习惯的差异巨大，让他觉得非常难适应，他对未来充满了疑虑，担心不能顺利从学校毕业。

正当他愁眉不展、心烦意乱之际，他看到不远处有一群人好像在热闹地讨论什么。走近一看，他才弄清了情况，原来是一位送外卖的大胡子男子，对一辆新出产的轿车做出了十分专业的评价，轿车主人大为惊奇，便忍不住和他攀谈起来，他们的谈话吸引了不少过往的路人。人们问大胡子男子为何如此了解汽车，大胡子男子说以前他曾是一家汽车公司的总经理，后来公司倒闭了，他转行送起了外卖。人们听完他的经历后，不免感到唏嘘，有人还发出了长长的叹息声。可是大胡子男子却丝毫也不感到难过，他微笑着对大家说："生活中，没有什么是输不起的，离开了汽车公司，我照旧可以自食其力，以后我还会成功的。"

听完这席话，年轻的中国留学生心情久久不能平静，他想，一个人若能活得如此洒脱，还有什么是输不起的。想通之后，他感到如释重负，在以后的日子里刻苦钻研专业知识，后来终于学有所成，以优异的成绩从麻省理工学院毕业了，并在科学领域取得了不俗的科研成果。他就是获得过两弹一星勋章的著名科学家钱学森。

人生输得起才能赢得起，偶尔输几次并没有什么大不了，把失败的经历看成是一种磨炼，你的心理承受能力会越来越强大。在乌云密布的日子里，永葆一颗快乐上进的心，坚持不懈地拼搏奋斗，你才能迎来属于自己的一片艳阳天。

07. 不要为打翻的牛奶哭泣

> 时光不可逆转，流入河的水是没有希望取回的，打翻的牛奶直至流尽，你也无力挽回任何一滴，哭泣是徒劳的，只有选择对过去放手，你才能集中精力做好眼下的事，避免在未来懊悔。

莎士比亚有一句至理名言："聪明人永远不会坐在那里为他们的损失而哀叹，却情愿去寻找办法来弥补他们的损失。"在工作和生活中，很多人都为自己做过的错事或者做得不到位的事情而耿耿于怀、悔恨交加，结果导致以后的事也做不好。这种心态就好比刚刚考完期末考试的学生，时刻为自己做错的题目而气恼，职场中的人工作上出现了失误，比交了白卷还恼火，由于心情太糟，严重影响了下一步的工作，这是非常不足取的。

我国有句成语叫作"覆水难收"，西方也有句类似的谚语"不要为打翻的牛奶哭泣"，这个老生常谈的道理看似简单，然而真正做到却是非常难的。因为人们在做错事之后，惯于被挫败感和自毁情绪控制，明知无论多么内疚、自责都于事无补，还是会自怜自伤，惶惶不可终日，这样做无异于自寻烦恼。

著名棒球手康尼·马克常常为输球而苦恼，在被问及是否为赛场上的表现失误而恼火时，他回答说："过去我常常这样做，为输球而烦恼不已。现在我已经不干这种傻事了。既然已经成为过去，何必沉浸在痛苦的深渊里呢？流入河中的水，是不可能取回来的。"不错，时光不可逆转，流入河的水是没有希望取回的，打翻的牛奶直至流尽，你也无力挽回任何一滴，哭泣是徒劳的，只有选择对过去放手，你才能集中精力做好眼下的事，避免在未来懊悔。

有个年轻人坐在轮船的甲板上看报纸，忽然刮来一阵狂风，把他头上的新帽子吹落到了大海里。奇怪的是，他只是轻轻摸了一下头，扫了一眼漂浮在海面上的帽子，就仿佛什么事情也没发生一样，又安安静静地读起报纸来。旁边的人对他的反应很不理解，便问他："先生，你的新帽子被风刮到大海里去了！"年轻人不动声色地回应道："知道了，谢谢。"说完，继续低头看报纸。"可是那顶帽子至少值几十美元呢！"旁边的人又忍不住说了一句。"是的，所以我正在考虑再买一顶新帽子呢。帽子丢了我也很心疼，可是它不可能回来了，不是吗？"年轻人说完又把目光移向了手中的报纸上。

是的，我们没有必要为不能挽回的事情哀伤，如果有亡羊补牢的机会我们当尽力补救，如果大局已定，我们不妨选择接受不可更改的事实，把更多的时间和精力运用到更有价值的事情上，珍惜现在的分分秒秒。活在当下，竭尽所能地提高自己，只有这样才能为未来擎起一片广袤的蓝天。

我们总是天真地认为失败只属于我们自己，而那些举足轻重的大人物永远活在成功的光环里，而事实上，任何人都有犯错的时候，也都有落败的时候。所不同的是，他们不会被往日的失败所干扰，不会为打翻的牛奶浪费眼泪，而是致力于把握当下和开拓更美好的明天。如果我们也能做到这一点，我们的人生也会进入到崭新的阶段。

08. 别让恐惧的阴影击垮你

> 失败本身并不可怕，重复失败也没有那么可怕，可怕的是重复失败一次又一次将你想要改变的希望、决心、信心摧毁，让你丧失自信，陷入绝望，质疑自己，裹足在不安与恐惧中寸步难行。

有一句格言说："失败本身并不可怕，重复失败也没有那么可怕，可怕的是重复失败一次又一次将你想要改变的希望、决心、信心摧毁，让你丧失自信，陷入绝望，质疑自己，裹足在不安与恐惧中寸步难行。"的确，恐惧失败比失败本身更具有破坏力，它可以摧毁人的意志于无形，让人陷入失败——恐惧——再次失败的循环怪圈里。

你是否有过这样的经历：第一次失败觉得自己运气不好，第二次失败觉得自己没有发挥好，第三次失败觉得自己受到了干扰，第四次失败信心便开始动摇，认为自己就是个彻头彻尾的失败者。也许这就是事不过三的道理，人的承受能力是有限度的，超过了容忍范围就有可能抓狂。偶尔的失败就像得了一场感冒，并不会对你的生活造成太大的影响，可是接连的失败就像一场重疾，足以对你的人生产生巨大的破坏力。

莉迪亚在职场打拼两年后，在事业和家庭之间选择了家庭，她离开了工作岗位，成为了一名相夫教子的家庭主妇。等到女儿到了上幼儿园的年龄，她萌生了重返职场的念头。可是和社会脱节这么多年，想要重新找到自己的位置并不是那么容易的。尽管与其他求职者相比，她具有一定优势，比如较高的学历和在知名大企业工作的相关工作经验，但迅速从家庭主妇回归到职业女性的角色对她来说却是一个不小的挑战。

莉迪亚接连面试了六次，全部都失败了。第一次失败，她认为主要是因为时间太过仓促，面试前一天她忙着给女儿烘烤饼干，没有充足的时间来研究应聘的公司。第二次面试，她又遇到了突发情况，她的妹妹在面试前一天晚上打电话给她，一讲就是三个钟头，她没有把电话挂断，因为她的妹妹情绪失控，已经到了歇斯底里的地步，她尽了最大努力去安抚妹妹的情绪。由于没有休息好，第二天面试时她发挥失常了。第三次面试的前一晚，她偏头痛犯了，结果一整夜都没睡，等她拖着疲倦的身体赶到面试地点时，才发现简历忘带了，当天她在头昏脑涨的状态下含含糊糊地回答了几个问题，得到的是等候通知的回复，结果那次面试又泡汤了。

第四次面试时她没有受到任何客观因素的干扰，休息得很充分，也花了很多时间研究应聘的公司，可结果她还是失败了，第五

第一章
只有受伤,才能让人真正成长

次和第六次面试也是这样。莉迪亚再也找不出理由为自己的失败辩护了,她感到尴尬和丢脸,对面试越来越恐惧,以后在求职的过程中她总是战战兢兢,可是她越是害怕失败,失败越是如影随形地陪伴着她,她对自己几乎丧失了全部信心。

对于内心脆弱的人而言,失败是一种负面体验,它就像一团黑云,会在心头投下巨大的阴影,聚集起来足以遮蔽整个天空。失败的叠加便意味着这团黑云要释放更多的负能量,这时人如果没有强大的抵抗能力,就会被彻底击垮。

杨妮是一家外贸公司的助理,有一天她的隐形眼镜出了问题,由于高度近视,她看不清邮件里的货币符号,为了核实邮件的内容,她不得不厚着脸皮去问主管:"这笔款项是以人民币计价还是其他货币计价?"主管瞥了邮件一眼,上面赫然标记着$60000,他真不明白眼前这个有着三年外贸经验的助理究竟是怎么回事,这么简单的问题都弄不明白,便语气不悦地说:"你仔细看看货币符号,这不是美元吗?难道是人民币、欧元、日元?这点常识连小学生都知道。"

杨妮受了一顿训斥,心情非常低落,之前她的工作能力从来没有被怀疑过,平生第一次她知道了什么是挫败感。接下来发生的事情更是加剧了她的挫败感。有一次公司派她去见一个大客户,她因为太过紧张把写有客户具体地址的字条弄丢了,只好悻悻地回公司,结果被主管严厉地批评了一顿。还有一次她代表公司应邀参加一个展览会,因为逢上雨天,她穿了一双黑色的雨鞋,而不是得体的高跟鞋,使公司的形象大打折扣,主管忍不住大发雷霆。一次又一次挫败的经历彻底摧毁了杨妮的自信心,最终她选择了辞职。

如果你一次又一次地把事情搞砸,难免会对自己的能力做出负面的评价,有时甚至会说出自暴自弃的话来,例如"我什么都做不好"、"我真是一个一无是处的废物",等等,一旦你被这种自我贬义的情绪控制,便会放任自己,让"情绪性感冒"发展成"心理性肺炎",进而因为无助和绝望陷入深深的忧郁中。打败失败恐惧感的方法最有效的莫过于重新获得掌控感,你必须放弃自怜自伤,打一场漂亮的翻身仗,以此来重塑自我认知。

09. 永不言弃,你才不会被世界抛弃

> 记住,只要你承认失败,你的人生就没有失败,只要你不言放弃,世上就没有任何力量可以让你放弃。

成功和失败有时仅有一步之遥,少走了一小步,提前放弃,导致前功尽弃,是失败者总是走向失败的根本原因。那么怎么才能让自己坚持到底,永不放弃呢?有人提出,永不放弃有两个原则,第一个原则是:永不放弃!第二个原则是:当你想放弃时,回头看第一个原则。

放弃是一个念头,而永不放弃,则是一种信念。有的人经常心血来潮地制订各种计划,比如考取各种资格证书、减肥瘦身、学习某项专业技能等,可是一发现理想和现实有差距,就开始打退堂鼓,所有的计划就这样搁浅了。有的人适应环境能力差,放弃的念头时时划过脑海,只要有一点不顺心就怨天尤人,半途而废,这都是信念不坚定的结果。

26岁的叶彤,从小到大都一帆风顺,她学习成绩优异,还有多种特长,在校时拿了不少奖项,大学读的是新闻专业,毕业之后她

第一章
只有受伤，才能让人真正成长

顺利地被当地的一家知名报社录取了，成了一名记者。记者的身份看似光鲜，可是工作上会遇上各种各样的难题，首先对于一个初出茅庐的大学生来说，采访就是很难攻克的大关。叶彤想要采访的对象不是推脱太忙，就是说自己临时有急事，他们要么不肯接受采访，要么放叶彤的鸽子，使得她的工作无法进行。

采访接连吃闭门羹，叶彤一时乱了阵脚，稿件迟迟写不出，她急得想要放声大哭，她觉得自己实在坚持不下去了，便打了一份辞职报告。领导看过之后说："你怎么能这么轻易就放弃呢？知道有多少人削尖了脑袋想进我们报社吗？这样吧，你先跟在资深记者后面跑新闻，以后自己有独立的工作能力了，再独自跑新闻。"

叶彤收回了辞职报告，此后几乎每天都跟着资深的同事出去采访，虽然她不用再担心被采访对象拒绝了，可是总认为自己的能力得不到施展，每次看着同事和采访对象互动，她就觉得自己是个多余的人，而且她写的稿件通常都不被采纳。这样一想，她又产生了辞职的念头，不过这次她没有再和领导交谈，而是私下里默默地在学习外语，打算跳槽到外企工作。每天下班回家，叶彤就把自己锁进房间里，一遍又一遍地听英语磁带，坚持了两个月，她的英语水平并没有明显提高，很多发音她都掌握不准，语速一快，她就听得云里雾里，一气之下她把所有的英语磁带和复习资料都扔掉了，就此杜绝了学习英语的念头。

在报社浑浑噩噩地空耗了一段时间后，叶彤辞职在家，未来的出路在哪里她完全不知道，她就像无根的浮萍一样不清楚自己明天会漂向哪里。

你是否也像叶彤一样遇到了一点困难就轻言放弃呢，你是否想过为什么别人总是比你强大，总是领先于你，也许你认为别人比你运气更好或者实力更强。而实际上这些都未必是主导因素，谁都不是永远的幸运儿，谁也不是天生的弃儿，你之所以觉得自己被命运抛弃了，是因为你率先放弃了，主动抛弃了世界，而那些永不言弃的人却凭借顽强的毅力抵达了人生的顶峰，收获了累累硕果。

　　提到炙手可热的老牌动作明星史泰龙，大家都非常熟悉，他的代表作《洛奇》、《第一滴血》系列可谓是动作系列片中不朽的经典。然而真正让史泰龙脱颖而出、成为独树一帜演员的不是什么成功的神话，而是无数次失败的经历。史泰龙小时候并没有什么过人之处，由于出生时脸部的神经被钳子夹坏了，他患上了面部神经症，还出现了语言障碍。在别人眼里，他只是个古怪的孩子，学习成绩不好，而且看起来呆头呆脑的。

　　长大后，史泰龙迷上了电影，他长时间把自己关在家里埋头创作剧本，可是写好的剧本不被看好，一次次被电影公司拒之门外。为了维持生计，他不得不做了很多与电影无关的杂活，比如到动物园清洗狮子的笼子，走街串巷卖披萨，以及帮别人照看书摊，等等。他还多次试镜为自己争取角色，可是没有一个导演认为他身上具有伟大演员的潜质。他不灰心不气馁，带着自己创作的剧本四处推销，结果被拒绝了1800多次。后来终于有人看上了他的剧本，同意把它拍成电影，史泰龙为自己争取到了担纲男主角的机会，这才撞开了好莱坞的大门，成就了《洛奇》的经典。

　　有谁尝试过像史泰龙一样被拒绝1800多次呢？这个数字对于绝大多数人来说，恐怕是天文数字，你又是在失败第几次时选择了永久性放弃呢？鲁迅说："遇见森林，可以辟成平地的；遇见旷野，可以栽种树木的；遇见沙漠，可以开掘井泉的。"在强者面前，所有的困难都不是困难，所有的失败都是脚下的沙土，他们的词典里从来就没有"放弃"这个词，正是因为坚守着不抛弃、不放弃的精神，他们才从迂回狭窄处开辟出了自己的锦绣天地，迎来了事业的春天。记住,只要你承认失败,你的人生就没有失败,只要你不言放弃,世上就没有任何力量可以让你放弃。

10. 不为失败找借口,只为成功找方法

> 生活中只有两种行动,要么是努力地表现,要么就是不停地辩解。

管理大师余世维曾经说过:"生活中只有两种行动,要么是努力地表现,要么就是不停地辩解。"这正是成功者和失败者的真实写照,成功者遇到难题永远都在努力地找方法,而失败者却永远都在为自己找借口。这种现象在生活中比比皆是,上班迟到,责怪天气,抱怨交通,不能及时完成工作,把问题全部归集到客观因素上,遭到客户投诉,便指责客户无理取闹,总之一个个冠冕堂皇的借口变成了一块块挡箭牌,事情一旦办砸了,就立即寻找一大堆看似合理的借口,以此来掩盖自己的过失。千方百计地找借口,而不是竭尽全力地找方法解决问题,是失败者总是失败的重要原因。

有一位刚从名校毕业的小伙子,文笔不错,形象也很好,被北京一家非常知名的公司录用了。小伙子学习能力很强,人也非常机灵,起初同事们对他的印象都很好,可是没过多久,他的不少毛病就暴露出来了。他上班常常迟到,采访时经常丢三落四,每次领导找他谈话,他都不肯正视自己的问题,总找各种借口搪塞。

一天,报社得知了一则特大新闻,因为别的记者都在为自己的采访任务奔忙,只有他驻守在办公室里,领导只好派他独自前往现场采

访了。那天,他接到任务出去没多久就返回了办公室,领导一脸惊讶地看着他:"这么快就采访完了?那边的情况怎么样?"孰料他答非所问地说:"路上太堵了,几乎一路塞车,等我赶到事发地点时事情都快结束了,已经有别的新闻单位在采访了,反正我们报道的也不是什么独家新闻,我觉得这次事件也没有太大的新闻价值,所以就回来了。"

领导听完,很生气地说:"在北京,交通堵塞是常发生的,可是你就不能想想办法吗?为什么别的单位的记者就能及时赶到呢?"小伙子连忙辩解说:"我能有什么办法?交通真的是很堵嘛,我又不是超人,不可能飞到现场,再说我对那里又不是很熟悉,身上还背着这么笨重的采访器材……"

领导听完这番解释,更是大为光火:"你没完成采访任务,还有这么多借口,以后我还怎么放心把更紧急更重要的工作交给你?我们新闻工作者,必须保证新闻的及时性,不管接到多么艰巨的任务,都必须火速到达现场,别的记者能做到的事你也应该做到,总为自己找借口是不行的。如果你不能胜任这份工作,就请另谋高就吧。"就这样,小伙子失去了这份令人羡慕不已的好工作。

在我们的日常工作和生活中,像小伙子那样遇到问题就以各种理由和借口推脱的人并不少见,这无疑是一种缺少责任心的表现。别以为编造各种借口或强调各种客观理由,就能把自己该承担的责任推得一干二净,这种做法只会引起上级的猜忌和反感,不但不利于问题的解决,还会严重阻碍个人的发展。

如果把事情搞砸了,不管事态多么严重,后果是什么,你首先要有敢于担当的勇气,承认自己失误,虽然会在一定程度上让你觉得自尊心受挫,可是竭力掩盖事实并不能让你感觉更好,因为当你没有勇气面对问题时,挫败感和无力感会始终环绕在你身边,直到问题被圆满解决，你才能得到最终的解脱。

甲、乙、丙三人供职于同一家公司，公司产品很受市场欢迎，销路也很宽广，可是货款总是无法及时收回。有位大客户拖欠公司货款十万元长达半年之久，总是以各种理由延迟付账。公司派甲去讨账，那位大客户态度非常傲慢，让甲过段时间再来。甲碰了一鼻子冷灰，空手而归。回来之后和经理说客户有多难缠云云，公司只好又派乙去催账。

见到乙后，那位客户依然拒不还款，还说自己的公司资金周转不灵，等到资金宽裕了自然会还钱，于是又用几句话就把乙打发走了。乙也无功而返。乙回来后把客户说到的客观情况汇报了一遍。没办法，公司只好派丙去讨账。

这次客户被催烦了，看见丙就怒火冲天地把他大骂了一顿，说公司没完没了地派人催账，分明是不信任自己，这样下去以后没法再合作了。丙并没有被客户咄咄逼人的气势吓退，而是想方设法和客户周旋，经过一番斗智斗勇的较量，客户意识到丙不会善罢甘休，只好给丙开了一张10万元的现金支票。当丙高高兴兴地拿着支票到银行兑现时，却被告知账上只有99920元，显然是客户故意为难他。换作别人恐怕是无计可施了，可是丙灵机一动就想出了办法，他从自己的钱夹里掏出了100元，立即存到了客户的账户上，及时兑现了10万元的支票。

当丙出色地完成任务，成功地将10万元的货款带回公司时，领导立即对他刮目相看。后来他一再受到提拔，由普通业务员晋升到了副总经理，随后又升职为总经理，而讨账失败的甲和乙则一直是默默无闻的业务员。

常言道方法总比问题多，世上没有解决不了的困难，遇到问题积极地采取行动，才能突破障碍，获得成功。而在问题面前，一味地推诿，不停地找借口的人，永远都会处在毫无希望的困局中。其实，在工作和生活中，碰到暂时处理不了的棘手问题本属于稀松平常的事，你没有必要费尽心机地掩饰自己能力上的不足，只有主动承担责任，认清客观形式，开动脑筋想出应对之策你才能真正把问题处理好，全面扭转败局，建立起强大的自信心。

第二章
人生没有不可承受之痛

　　生命中不仅有快乐，还有很多不期而至的痛苦，有时候有些痛苦会让你措手不及，但无论你经历过或正在经历着怎样的艰难困苦，一切都将成为过去，无声的岁月终将抚平所有的伤口，生命中的惶恐和疼痛终将消失于无形。无论多么明朗的天空都有阴霾的时候，人生旅途中常常布满荆棘与迷雾，也许你曾经被尖利的荆棘刺得遍体鳞伤，也许你曾在迷雾中迷失了方向，但只要咬牙挺住，也许在下一个路口你就能找到出口。

　　人生没有不可承受之轻，也没有不可承受之重，同样没有不可承受之痛，你痛不自胜以为自己快要垮掉时，却奇迹般地熬过了人生的严冬，并不是命运突然对你仁慈了，而是你比自己想象中的要坚强得多。痛苦的磨砺可以让你真正了解自己究竟有多强大，从此你便获得了无畏的勇气，即使将来面对更大的伤痛，也能坦然应对。

01. 人面对痛苦的能力，超乎你的想象

> 不要畏惧生命中的痛苦，而要像勇敢的海燕那样，在暴风雨中学会飞翔。

你的潜力有多大，恐怕连你自己也不知道，如果你不曾被逼到无路可退的地步，你根本不能了解自己能释放出多大的能量。同样，在没有承受巨大的痛苦之前，你预知不了自己的承受能力。人只有经历重创之后，才会幡然醒悟，意识到自己有多么顽强和坚韧。

你可能小时候畏惧针头，每次打针都是双眼紧闭，可是尖利的痛也不过是那么一瞬间，咬牙挺过之后便会觉得一切都没有什么大不了。你可能在运动场上跌破过膝盖，擦伤过手腕，火辣辣的痛感挑战着你的神经，可是这种痛并不足以摧毁你的意志。你还有可能生过重病或者做过重大手术，大脑中的痛感信号折磨着你身体中的每一个细胞，可是这种可怕的经历并没有把你打败。比起肉体上的痛苦，或许精神上的痛苦更让你刻骨铭心，在成长的过程中，你可能有过一系列的创伤经历，诸如学业不顺、父母离异、失恋、求职受挫等，孤独的时候只能用自己的左手温暖右手。你一度认为自己会被打垮，可是最后你战胜了所有的沧桑和痛苦，超越了自我，异乎寻常地坚强，觉得不可思议吗？其实这一切不过是揭示了一个简单的真相：人承受痛苦的能力，远远超乎自己的想象。

有位父亲驾着车带着孩子到郊外出游，车子磕磕绊绊地行驶在

第二章
人生没有不可承受之痛

偏僻的乡间小路上，到了半途，汽车突然失控，父亲连忙猛踩刹车，这才避免了一场可怕的车祸。车子停稳后，他告诉7岁的儿子待在座位上别动，自己要下去查看一下情况。当时汽车停在一个斜坡上，父亲钻到车下，试图找到故障的原因。活泼好动的儿子在车里唱起了欢快的歌曲，父亲边笑边忙着手里的活计。

忽然，汽车毫无征兆地向前滑动了一下，或许是刹车失灵或许是汽车出了其他的问题，也可能是车里的儿子不小心扳动了刹车。这个意外给车下的父亲带来了巨大伤害，钻心的剧痛像电流一样向他袭来，他险些昏厥过去，可是他尽力让自己保持清醒，他不清楚车轮是从他的胸膛还是两腿上碾过去的，那一刻他只想到了儿子，他攒足了力气呼唤着儿子的名字。

儿子跑下车来，父亲说你没事吧，儿子说没事，只是不明白为什么汽车会忽然发动了。父亲极力掩饰自己的痛苦，努力向儿子挤出一个苍白的微笑，让他把电话递过来。天真的儿子不解地问他为什么不自己起来打电话。父亲说自己累了，想多躺一会儿。儿子取来了电话，父亲先是拨通了急救电话，又给妻子打了一个电话，他谎说自己正在休息。她问儿子好吗？他说小家伙就在旁边呢，边说边朝儿子眨眼睛。她说希望他们早点回家，时间不早了。他说好的，然后挂断了电话。

儿子不明白发生了什么事，父亲忍受着撕心裂肺的痛苦，却装作一切正常的样子，还和儿子做起了微笑游戏，游戏规则是谁微笑得最久谁就是赢家。儿子开始学着父亲的样子微笑，父亲脸上的笑容渐渐僵住了，他昏厥了。醒来后，他已经被抬上了救护车，在那场事故中他失去了双腿，可是无情的命运却没有把他的微笑夺走。他在痛苦面前表现出来的坚强和乐观精神影响了儿子一生，儿子长大后，有了家室，也有了儿子，在很长一段时间里过着动荡不安的生活，可是无论承受多少痛苦和打击，他的脸上始终保持着和父亲一样的微笑。他说那是当年那位面对灾难的父亲，留给他的所有表情。

和故事中的父亲比起来，或许我们所经历的痛苦显得微不足道，可是我们却一度以为自己会被痛苦淹没，其实生命没有不能承受之痛，只要你的内心足够强大，再大的痛苦也不能征服你。不可否认的是，青春是残酷的，没有谁的青春是容易的，人在蜕变和成长时，都要经历持续的阵痛，也许脆弱敏感的你曾以为自己没有能力抵御这些痛苦，那么从现在开始，就请改变这个观念，生命没有不可承受之重，也没有不可承受之轻，别人能做到的，你也一定能做到。

在这个世界上恐怕没有谁会比西班牙作家塞万提斯经历过更多的痛苦，他出身没落贵族，家境贫寒，从小跟着父亲到处奔波，饱尝人间艰辛。他22岁参军，参加了对土耳其的海战，左手残废了，之后他被凶残的海盗俘获，被卖到阿尔及利亚做奴隶，在陌生的土地上受尽了折磨。获得自由后，他又数次因为遭人陷害蒙冤入狱，后来在穷困潦倒中写下了《堂吉诃德》、《加拉黛亚》等传世作品。

不要再抱怨世界有多么不公平，也不要再质疑命运为何给自己安排了如此多的痛苦，事实上，没有哪一种痛苦是专门为你准备的。在这个世界上，比你痛苦的人比比皆是，你绝对有足够的能力承受现在的痛苦。人的潜能是无限的，承受痛苦的能力也一定大到超出你的想象，不要畏惧生命中的痛苦，而要像勇敢的海燕那样，在暴风雨中学会飞翔。

02. 世上没有愈合不了的伤口

> 你的伤口就是这么被时间治愈的，有时候伤好了你还浑然不觉，所以现在的你无论正经历什么，都不要太过绝望，因为所有的痛苦都将成为过去，你的人生终将翻开崭新的一页。

世上没有愈合不了的伤口，不止是一句漂亮的广告词，而是一个事实。科学家提出，再深的伤口在七年之后也会痊愈的，因为七年过后，我们受伤的细胞将被彻底更换。其实无论是肉体上还是心灵上的伤痕，愈合后就成了往事，很多时候我们以为跨不过的门槛，若干年后都会轻松跳过，时间是最好的治愈良药，只要耐心地给时间一点时间，多么刻骨铭心的伤痛都会被抚平。

曾几何时，你认为高考是人生最大的关卡，如果不能顺利通过那座独木桥，命运就有可能改写，可是当你没能如愿考上心仪的大学，进入一所普通高校读书，也没有痛苦到不能自拔的地步；曾几何时，你认为找不到一份体面的工作，人生就会凄凄惨惨，可是当你做着最苦最累的基层工作时，你的生活也没有垮台；曾几何时，你认为失去了最珍惜的一段情缘，人生将陷入永夜，可是若干年后，他或她早已消失在茫茫人海，而你的日子一如既往地继续着……你的伤口就是这么被时间治愈的，有时候伤好了你还浑然不觉，所以现在的你无论正经历什么，都不要太过绝望，因为所有的痛苦都将成为过去，你的人生终将翻开崭新的一页。

琳达在收拾旧物时，发现了几本旧日记，她忍不住饶有兴趣地翻开起来。第一本日记是她在上小学时写下的，笔迹还很稚嫩，她翻开第一页，默默地在心里读了起来。日记的内容很简短，可是字里行间都将一个小女孩的委屈表露无遗。她写道："今天老师批评了我，因为粗心大意，我的作业出现了很多语法的错误，我感到羞愧极了，觉得简直就是世界末日。"看到这里，琳达忍不住轻声笑了起来，挨一次批评就以为世界末日来临了，这简直太可笑了，不过那时的她还是个懵懂无知的孩子，小孩子的心脏总是脆弱的。这样想着，她便不再责怪自己，继续翻到了下一篇日记。

"今天我和海伦吵架了，我们吵得很凶，海伦说她以后再也不想理睬我了，我难过地哭了，可是我并不打算道歉。"和海伦吵架的经过琳达已经完全想不起来了，不过至今她仍和海伦保持着联系，她们依旧是无话不谈的亲密好友。琳达又快速翻了几页，日记里几乎大部分内容都措辞凄苦，好像有述不尽的伤感，可是记录的无非是和哪个小伙伴闹了矛盾，考砸了几场考试，总的来说她的童年还算过得不错。

琳达翻开了第二本日记，那是她在中学时写下的，日记里反反复复地出现了一个男孩的名字，他是她爱慕的第一个男生，名字叫查理，她心情的起起落落都是围绕着查理展开的。日记的最后一页写道，查理转学了，她陷入了漫长的痛苦和思念中。纸张上仿佛依稀残存着那个伤心的少女当年留下的泪痕。而今她对查理的印象已经完全模糊了，她已经记不清他的模样，恐怕现在两个人就算擦肩而过也认不出彼此了吧，两个誓言要相爱到永久的人就这样相忘于江湖，而失恋的伤痛居然随着时间的冲刷不治而愈。

琳达翻开了第三本日记，上面记录了她辍学、失业、生病、离婚等重大人生事件，每个事件都给她带来了沉重的打击，可是她都熬过来了，现在的她有了一份很有前途的工作，又组建了新的家庭，身体也恢复得不错，事实上她过得充实而快乐，而那些伤痛的过往早已经随风而逝了。她这才明白原来时间就是治愈伤口最好的良药，随着时光的流逝，再深的伤痕也会变浅变淡，直至消失在岁月的罅隙里，再也寻不见。

你是否也有和琳达相似的体验呢？在人生的某个时刻中，痛苦像泰山压顶一样向你袭来，让你感到无能为力，那种痛彻心扉的感觉差点把你逼近崩溃的边缘，可是时过境迁后，再回首往事，你发现自己早已对过去的痛苦释然了。其实痛苦需要我们慢慢去化解，当一记重拳把我们击倒在地时，我们可能不能马上恢复，可是只要多给自己点耐心，多给时间点耐心，就能消解所有的痛苦。

03. 不经破茧之痛，哪来飞翔的力量

> 蝴蝶破茧之后才能展开斑斓的翅膀，在花丛中飞舞，人也一样，要突破自己，在挫折中长大才能拥有一份淡定和从容。

踩在青春的尾巴尖上，回望过去走过的路，对于成长的艰辛你应该深有体会。成长是什么？它是一次次蜕变，在这个过程中有痛苦，有风险，也有失败，可是痛过之后就能收获一份成熟和美丽。蝴蝶破茧之后才能展开斑斓的翅膀，在花丛中飞舞，人也一样，要突破自己，在挫折中长大才能拥有一份淡定和从容。

18岁是一个分水岭，18岁之前你可以任性、无知、年少轻狂，不必为未来做任何打算，可是步入成年后，你不得不学会承担责任，心事多了起来，压力也随之而来。到了毕业的年龄，你要面对

的是一个更加现实的世界,为了得到一份工作,你必须像孔雀展示羽毛一样展示自己的优点,费尽心力地从就业大军中脱颖而出。然而拥有一份工作不过是万里长征的第一步,你所要付出的还要更多,经历的摔打和磨炼也会更多。这个过程艰难而漫长,远超过蝴蝶破茧之前的等待,可是只要你咬紧牙关熬过来了,整个世界都会在你脚下,因为你已经得到了飞翔的力量。

苏祁是一个"80后"女孩,她现在在市中心的办公大厦里工作,收入不菲,工作环境优雅,每天穿着高级灰的套装在写字楼里出出入入,算得上是一个货真价实的白领。可是谁又清楚她背后的艰辛呢?

刚刚毕业的时候,为了节省住宿费,苏祁和自己的同学蜗居在一间十余平米的出租房里,屋子采光差,通风也不好,在她眼里简直就是微型的贫民窟。找工作也进行得非常不顺利,每次招聘会她都不敢落下,跑得腿脚发软,却只得到了区区几次面试机会,风风火火地应聘,最终却都没有了下文。回到出租屋里,看着黯淡的墙壁和狭窄的空间,苏祁一边揉着发肿的脚一边委屈地掉眼泪。给家里打电话时,她一直叫苦连天,还抱怨说,人为什么要长大啊,长大为什么这么苦这么难呢?

父母得知自己的宝贝女儿在外面吃了这么多苦,马上催促她回老家休养生息,工作的事以后再说。苏祁却不打算这么快就打道回府,想要继续在外面闯荡,毕竟外面的机会比老家要多。晚上百无聊赖之际,苏祁窝在旧沙发里看起了电视节目,电视里播放的是动物世界,苏祁看到自然界中的不少动物长大后都会被父母赶出家门,然后开始自己的独立生活。她想自己也早已过了受父母庇佑的年龄,是该走向独立的时候了,再累再难也要坚持住。第二天,她又精神抖擞地投入到了新一轮的战斗中,经历了数次被淘汰的打

第二章
人生没有不可承受之痛

击,两个月后她终于在一次面试中有了上佳的表现,一路过五关斩六将,得到了应聘的职位。

工作以后,苏祁又遇到了不少困难,最初她不清楚如何把书本知识和工作实践相结合,工作起来颇为吃力,效率十分低下,因为完不成当天的工作任务,总是被迫留下加班。后来她积极向经验丰富的同事请教,自己也注意总结,对业务慢慢熟悉了,工作渐渐得心应手了。由于表现出色,又肯吃苦,她的工资一路水涨船高,职务步步晋升,若干年后,她从一位懵懂青涩的女大学生蜕变成了一名知名企业的高级主管。回首往昔,她十分怀念那段艰苦的旧时光,因为如果没有那段艰难的岁月,就没有美好的现在。

在成长的过程中,你是否有过和苏祁类似的经历呢?不知道自己的未来在哪里,不清楚蜕变成长的意义,对生活充满了抱怨和抗拒,甚至幻想一直躲在没有风浪的象牙塔里,于是盲目地加入了考研的队伍,或者产生了啃老的想法,这些做法都是在逃避现实。只有扔掉拐杖,你才能彻底学会独立行走;只有鼓足勇气搏击风雨,你才能摆脱温室花朵的角色,健康茁壮地长大;只有勇敢地接受破茧之痛,你才能拥有一双坚韧的翅膀,自由地翱翔于天际。

长大本身就是一个跌跌撞撞的过程,永远一马平川的人是不可能长大的,马云也经历了两次落榜,俞敏洪考北大考了三次,如今他们都成为了商业非常优秀的企业家,这说明成长虽然要付出伤痛的代价,却能给我们的人生丰厚的报偿。

04. 直面成长之殇，修复折翼的翅膀

> 我们不能任由自己自怨自艾沉沦下去，而要尽力修复折断的翅膀，继续飞翔，只有这样，才能向自己的人生理想继续冲刺。

年轻人都渴望出人头地，希望通过自己的努力奋斗成为站在金字塔尖上的人，可是在一级一级地攀爬中，难免有人从高处跌落，甚至是摔断了翅膀，这就是成长之殇。在学校时，老师说我们是正午的太阳、国家的栋梁，我们用成绩证明自己的优秀，走向社会后，才知道外面的世界奉行的是另外一种法则，分数不再是万能钥匙，唯有实力才是王道。

因为没有资历，我们从金字塔的高处滑落下来，一直跌到了塔底，于是不得不从最底层做起，曾经那些宏大的梦想一下子变得遥不可及。这种巨大的落差无疑会让我们中途折翼，这是非常正常的现象，不过我们不能任由自己自怨自艾沉沦下去，而要尽力修复折断的翅膀，继续飞翔，只有这样，才能向自己的人生理想继续冲刺。

罗琳是一名爱幻想的英国女大学生，毕业之后只身到葡萄牙发展，她没能找到合适的工作，却经历了闪婚闪离的人生桥段，还生下了一个女儿。作为一个没有固定收入的单亲妈妈，罗琳的生活举步维艰，后来她带着仅有三个月大的女儿回到了伦敦，开始四处求职，结果屡遭拒绝，为了生活，她被迫靠打散工糊口。

由于收入太低，母女俩连最基本的生活开销都维持不了，罗琳

第二章
人生没有不可承受之痛

不忍心让襁褓中的女儿跟着自己受苦，最后不得不放下自尊，靠领取救济金度日。第一次领救济金的时候，她羞愧得无地自容，因为队伍里大都是体弱多病的老年人和丧失了劳动能力的残疾人，她，一个风华正茂、身体健全的女大学生，站在那里显得是那么的不合时宜。人们都在用异样的眼光打量着她，她惭愧地低下了头，恨不得找个地缝钻进去。

酷爱文学、喜欢幻想的罗琳曾经励志要成为伟大的作家，然而生活就是这么残酷和现实，靠救济金生活的事实犹如当头的棒喝，剥夺了她的自尊和骄傲，为了面包，她不得不苟且过活。然而生活的艰辛并没有让她彻底屈服，她依旧在艰苦的环境中坚持写作，脑海中经常浮现出一些天马行空的幻想。有一次她去曼彻斯特见男友，在返回伦敦的途中列车晚点了，为了打发无聊的时光，她把视线移向了窗外。外面优美迷人的乡村风光激发了她的联想，忽然，她灵光一闪，眼前出现了一个叫哈利·波特的11岁小男孩，他有着一头黑发和一双可爱的绿眼睛，鼻梁上架着一副大大的眼镜，他就坐在这趟驶向魔法寄宿学校的列车里，以前，他并不清楚自己会魔法。

罗琳越想越兴奋，伴着列车行进时发出的沉闷声响，哈利·波特的好朋友陆陆续续地出现了，罗琳的故事越来越生动，神秘的霍格沃茨寄宿学院很快就在她的脑海里成型了。一回到公寓，罗琳就开始着手编写有关哈利·波特的童话故事。当时她居住的房子没有供暖设施，冷得像冰窖，为了在相对温暖的环境中完成创作，她把附近的咖啡馆当成了自己的工作室，经常带着女儿光顾咖啡馆，在那里一待就是好几个小时。

罗琳把故事情节一点一点地写在一张张小纸片上，整整花了五年时间才完成了第一本童话故事书，取名为《哈利·波特与魔法石》。起初她的这本书并不被市场看好，屡屡遭到出版社退稿，后来有家小印刷商同意出版她的作品。没想到这本书一上市就风靡图书市场，挤进了畅销书排行榜，受到不同年龄阶段的读者的追捧，罗琳从此走上了职业作家的道路。

比起罗琳刚毕业时的情形，我们的生活状态要好得多，最起码自给自足没有问题，可是我们的追求不止于此，鲜有人认为解决了温饱问题，生活就会很幸福。我们的梦想在高处，追求也在别处，但我们的双脚却无法脱离地面，羽翼未丰时我们不得不和生活妥协，选择先就业再择业，从最基础最受冷遇的岗位干起，拿着最微薄的薪水，承受那种微不足道的无力感，展翅高飞成了奢望。面对折翼之殇，我们必须学会坚强，像罗琳那样不断充实和丰盈自己，直到达到心目中的金字塔顶，不是雄鹰不要紧，蜗牛爬到金字塔塔顶，眼中看到的世界，和雄鹰是一模一样的。

05. 学会温柔地对待自己

在人生的严冬中，对自己冷酷就等于雪上加霜，你必须学会温柔地对待自己，用希望的火苗温暖自己那颗冰冷的心，耐心地为自己疗伤。

每个人内心都有一座冰山，所以有时会严酷地对待自己。在争强好胜的年纪，用冷漠和责骂的手段逼迫自己上进，为了取得让人羡慕的好成绩，连续开夜车，把大部分精力都扑在了工作上，有了一点瑕疵，就没完没了地责备自己，为了做到尽善尽美，恨不得每分每秒都加油冲刺，一路坚持着，努力着，可是对自己的憎恶却与日俱增。

总是想不明白为什么人与人之间会有多么大的差距，同一批走出校园的同学，有的创业成功，功成名就；有的在大公司任职，正春风得意；有的买了房子和车子，活得既滋润又潇洒……反观自己，毕业好多年，还是守着那个不上不下的职位，还是拿着那份不多不少的薪水，还是灰头土脸地挤着公交和地铁，不晓得下一站要走向哪里。于是我们咒骂自己是失败者，躲在无人的角落独自舔舐伤口，然而这种现实的伤痛却固执地不肯隐去，让无助的我们更加无所适从。

琼斯已经在电视行业工作整整两年了，然而她的职业发展却一点起色也没有，两年来一直做着琐碎的幕后工作。她的同窗好友大多在这行已经小有名气，有的还成为了某栏目的知名主持人，不少人劝她离开现在的电视台，告诉她，她的才华被埋没了。琼斯也这样想，在上大学时，她写出了让导师刮目相看的论文，那些不如自己的学生如今都在社会上闯出了一番天地，自己为什么要屈居人下、低头认输呢？

琼斯果断地辞职了，本以为换个环境能让自己的事业迈上新台阶，却不料步子没站稳，她狠狠地摔了下来，又一次回到了原点。经过数次碰壁，终于有人给她提供了从幕后走向幕前的机会，可惜她并没有把握好。在镜头面前，她太紧张了，表情一点都不自然，语气也十分做作，丝毫没有体现出自己的主持风格来，气氛非常冷淡，没过多久她就被炒鱿鱼了。后来她又尝试着去主持其他的栏目，结果都以惨淡失败收场。

一晃一年时间过去了，琼斯又回到了幕后，还是租住在原来那间光线昏暗的廉价公寓里，每当有熟人问起她的近况，她都觉得难以启齿，暗暗地在心里责骂自己无能。她尽量避免同学聚会，实在推脱不掉就躲在没人注意的暗影里，看着别人谈笑风生、生活事业美满，她就感到非常羡慕。

琼斯是一个外表温和的人，所以无论人生有多么不如意，她都不会把怨气发泄到别人身上，但是她却时常把矛头对准自己。她像法官一样严厉地审判自己，命令自己必须一丝不苟地超额完成工作，否则就不能吃晚餐，如果不能把工作做到让上级满意，就不允许购买漂亮的时装，也不准吃自己喜欢的东西，还要利用周末时间对部分工作做出修整。

琼斯迅速地消瘦了，颧骨突出，眼窝深陷，失神的眼睛里再也没有任何光彩，她把自己折磨得精疲力竭，工作上却更加频繁地出现疏漏，她受到了更多的批评，压力越来越大。大学好友再次见到她时简直就快认不出她来了。好友好心地劝慰她要学会善待自己，告诉她不要再像仇人似的对待自己，而要像朋友那样温柔地呵护自己，重新调整好状态，回归生活的正轨。琼斯看着镜子里苍白失色的脸孔，这才意识到她对自己做了多么残忍的事，她痛哭了一场之后，重新振作了起来。从此她仿佛变了一个人，每天高高兴兴上班，把自己装扮得整齐清爽，还经常亲手烹制丰盛的大餐犒赏自己，她的精神越来越饱满，工作状态也越来越好。后来她又得到了一次上镜的机会，那次她表现得非常自然得体，她的人生终于有了突破。若干年后，她成为了电视台最受欢迎的主持人之一。

在人生的漫漫征途中，为了实现更高更远的目标，你可曾用大棒政策不断地鞭策自己？结果又如何呢？毫无疑问，你给自己带来了更多的痛苦。在人生的严冬中，对自己冷酷就等于雪上加霜，你必须学会温柔地对待自己，用希望的火苗温暖自己那颗冰冷的心，耐心地为自己疗伤。不要再责怪自己不如别人优秀，积极调整好心态，抛开所有的心理负担，轻装上阵，把自己休整到最佳状态，只有这样你才能走出漫长的寒冬，迎来万紫千红的春天。

06. 客观面对不完美的自我

> 其实人们常常忽略了一个最基本的事实，人人都有缺陷，有瑕疵的玉才是真玉，所谓的完美无瑕不过是一个美好的假象。

站在镜子面前，认真观察自己的面孔，你可能对某些部位比较喜欢，而对某些部位感到非常不满意。脸上不那么耐看的地方或许让你感到不安，这就是完美主义情结在作祟。当你全方位地审视自己，从外表到内在，你会发现自己存在诸多的不完美之处，比如个子太矮，眼睛太小，没有特长，缺少幽默细胞，工作能力不突出，不讨人喜欢，等等。这些都成了你的心病，让你觉得痛苦，于是你急着修补自己，不惜对自己进行大刀阔斧的变革手术，力图通过自我设计，重新定义自己的形象，却发现历经一系列脱胎换骨的痛苦蜕变，你仍然没有变得完美，而且完全迷失了自我。

其实人们常常忽略了一个最基本的事实，人人都有缺陷，有瑕疵的玉才是真玉，所谓的完美无瑕不过是一个美好的假象。如果你为了佯装幽默而刻意制造各种笑果，那么你说出的笑话就有可能比北极还冷，就算你确实找到了笑点，逗乐了所有人，可是别人开心时你却成了最不开心的人，因为人在伪装的时候会感到身心疲惫。如果你为了让自己变得多才多艺，而涌入各种培训班去学习十八般技艺，不但很难把自己锻造成十全十美的人，反而可能失去自己原本的特色。如果你为了成为某一领域的佼佼者，不停地对自己的工作吹毛求疵，不但不能使自己进步得更快，反而会让自己变得畏手畏脚，工作更加没有成效。唯有接纳真实的不完美的自己，你的人生才能更和谐更幸福更美好。

郭海滨对自己各方面都感到不满意，他不高大也不强壮，身体瘦小孱弱，这让他觉得自己很没有男子汉气概。和同龄人相比，他的优点乏善可陈，他没有任何特别之处，而且连一张光鲜的文凭也没有，中专毕业后，他来到城郊的一家工厂打工，工资仅有1000多元。二十几岁本来是个意气风发的年龄，可他却显得老气横秋，他不爱说笑，也不合群，只知道像老黄牛一样闷头工作。

有一天工厂里加班，下班时外面淅淅沥沥地下起了雨，郭海滨没有带伞，被淋成落汤鸡的他在风雨里冷得瑟瑟发抖，他赶忙退进一幢楼下避雨，几十元买的那双破皮鞋开始漏水。看到有几个和自己年龄相仿的小伙子说说笑笑地从旁边走过，他忽然感到悲从中来，他认为自己没有好相貌，没有突出的技能，没有好工作，简直一无是处、一无所有。他越想心里越难过，仿佛有无数钢针扎在心坎儿上，使他痛得透不过气来。

这时在工厂食堂里工作的一位老师傅走了过来，看到他心情低落，便关心地问："小伙子，怎么啦？有什么难处尽管开口说。"工厂里的同事很少有人注意到他，只有这位老师傅平时喜欢对他嘘寒问暖，让他感觉格外亲切。于是郭海滨把心里所有的忧伤一股脑儿倾诉给老师傅听，老师傅听得很耐心。

郭海滨吐露心声之后，心情轻松了许多。老师傅不解地说："小伙子，你怎么能这么看待自己呢？人哪有十全十美的呢？你总是盯着自己的缺点，怎么就不看看自己的优点呢？""可是我没有优点啊。"郭海滨的声音低得几乎连自己都快听不见了。"这怎么可能呢？每个人都有优点。我观察你好久了，发现你这个年轻人做事很有韧劲，干起活来不怕苦不怕累，而且从来不抱怨，这也是很大的一个优点嘛。还有你总是利用中午休息时间写东西，文笔一定不错吧。"郭海滨不好意思地笑笑说："都是乱写的。""坚持下去，也许也能写出名堂呢？你看同事小李会唱歌会跳舞还会写毛笔字，据说是个全才，可是没有一样是真正精通的，有这么多优点又有什么用呢？不过是让别人多夸两句罢了。"

　　老师傅的话让郭海滨茅塞顿开，是呀，与其做个不实用的全才，追求所谓的完美，还不如做个有缺点却有一技之长的人才。从此他改变了人生态度，不再苛求让自己变得完美，而是更加努力地工作，并利用业余时间提升自己的写作水平。后来他因为文笔好被调到了工厂的宣传部工作，一年之后晋升为办公室主任。他经常想起那个改变了他一生命运的雨夜，如果不是老师傅的一番教诲，他恐怕永远也走不出完美的误区。当年的他正是接纳了自己的不完美，才活出了更加真实和鲜活的自己，他能拥有今天的成就也是因为那一刻的顿悟。

　　人在精神上的痛苦，多半源于对自己的失望，发现自身的不完美对于力求上进的人来说，无疑是一种沉重的打击，可追求完美的幻梦只会让自己愈加痛苦。悦纳自己的不完美，不再逼自己成为全知全能的超人，你才能成为自己的伯乐，把补短的精力用在扬长上，绽放出自己的光芒。

07. 即使伤痕累累，也要活得潇洒

> 要感谢一路上所受过的伤，记住，每一道伤都不是白白承受的，它们自有它们的意义，它们不会撕裂你的花样青春，只会让你在痛苦之中顽强地成长。

人常说年轻是最大的资本，因为年轻人朝气蓬勃，敢想敢做，就像初升的旭日，前途不可限量。但实际上，年轻人最容易受伤，初出茅庐时除了勇气和胆量，几乎没有其他资本，面对现实的墙壁和窄门，不断地磕磕碰碰，撞得头破血流，摔得遍体鳞伤，灵魂伤痕累累，可依然要倔强地为自己挤出一个苍白的微笑。

年轻的你曾经热血飞扬，步入社会就想在社会上大展拳脚，却发现机会少得可怜，没有人相信青涩的你能担纲什么重要岗位。当你的心态不再那么浮躁，乐于一步一步地证明自己，想在平凡的岗位上做出不平凡的成绩，却又有各种苦恼纷至沓来，比如人际关系矛盾、孤独、失恋、生活压力等，而处在这种状态下，如果你依旧能活得漂亮潇洒，那么说明你真的在向成熟迈进。

夏小洁感到非常苦闷，她想方设法才获得了一个实习的岗位，工资少自不必说，还常常被迫加班，每天累得七荤八素的，却连一件像样的行头都买不起。在外地工作也让她很不适应，身为北方人的她，烦透了南方连绵的梅雨，每次看到灰蒙蒙的天空，她的心情也跟着隐晦起来。漂泊在外，她常常感到孤独，在异地她没有朋友，也没有熟人，由于工作太忙，她没有时间结交新朋友，而公司

第二章
人生没有不可承受之痛

里的同事表面上对她客客气气的,其实都是各忙各的,没有人真正关心她的处境。

每次给家里打电话夏小洁都是报喜不报忧,即便是没钱交房租了她也不想向家人开口,而是选择硬着头皮要求公司提前预付一点工资。日子过得捉襟见肘,她还勉强能应付得来,可是工作上的烦心事和情感上的波折却让她感到不知所措。分明是别的员工做错了事,上司却不分青红皂白地指责她,仅仅是因为工作经验少,工作上一旦有了问题,同事和领导都不约而同地把矛头指向她,这真是太不公平了。每次夏小洁委屈地为自己辩解,上司都冷着脸说她在给自己找借口,然后又以更严厉的态度劈头盖脸地把她训斥一顿。

夏小洁和同学在QQ上联系时,忍不住大倒苦水,还说不如辞职算了,何苦受这种闲气呢。没想到同学说千万不要一时冲动,现在就业形势严峻,工作不好找,等到你工作能力变强了,自然就没有人质疑你了。无奈,夏小洁只好打消了辞职的念头。好不容易盼到了星期天,她本来打算到外面吹吹风、散散步,男朋友的一通电话却把她所有的好心情都破坏了。男朋友说异地恋通常都是没有好结果的,不如索性分手吧。夏小洁立即怔住了,不知不觉泪水就涌出了眼眶,恋爱时美好的过往像电影一样一幕幕在她的脑海里回放,她真不敢相信一切就这么结束了,他承诺过要和她一起慢慢变老,现在的她只有22岁,他便决定放手了。夏小洁放不下这段无果而终的爱情,可是放不下又怎样呢?

晚上,夏小洁到KTV流着泪唱了整整一晚的歌,第二天睡眼惺忪地上班,由于精力不济,工作中出现了差错,她不但被当众批评了一顿,还被扣了200元工资。真是祸不单行啊,夏小洁长长地叹了一口气,感叹人生艰难。月末房东提出要涨房租,理由是相同地段的出租房房租都上涨了。工资缩水,房租涨价,夏小洁摇摇头，心想又要开始艰苦卓绝的奋斗了。

三个月后，夏小洁成为了公司的正式员工，一年之后，她拿到了一笔不小的奖金，从小小的斗室搬了出来，在公司附近长期住了下来。三年之后她从助理升迁到了副主管，她又有了新的恋情，事业和感情都趋于稳定。有时想起当年那个受尽委屈的小女孩，她还是挺佩服自己的，如果当初她没有潇洒地从泥潭中走出来，人生一定和现在大不一样。

要感激那些质疑你、轻视你的人，是他们否定的声音促使你一步步惊人的蜕变，成就了更加优秀的你。也要感谢一路上所受过的伤，记住，每一道伤都不是白白承受的，它们自有它们的意义，它们不会撕裂你的花样青春，只会让你在痛苦之中顽强地成长。无论你摔得有多痛，脚步有多么踉跄，都要昂起高贵的头，带着坚定不移的目光迈出有力的步伐，就算遍体鳞伤，也要秀出自己的华丽舞步，活得潇潇洒洒。

08. 在刀尖上起舞，痛并快乐着

劳作本身是辛苦的，但它会使人感到充实，能让人在挑战自我的工作中得到心灵上的愉悦和满足，这是一个痛并快乐着的过程。

现在，很多在职场中打拼的人都觉得活得很累，工作压力山大，加班成了家常便饭，业余时间被无限压缩，生活毫无乐趣可言。我们经常听到各种各样的抱怨声和叫苦声，这几乎成了一种流行现象。年轻人更是清楚这种刀尖上起舞的感觉，精神上是战战兢兢的，生怕走错一步，身体是疲累的，内心是煎熬和痛苦的，初涉职场这种感觉尤为强烈，看看他们那怯生生的目光，疲惫而又不甘的目光，一瞬间你便能解读出所有的信息。

工作中的痛苦和烦恼并不是短期内能够解决的，其实只要肯换种角度看问题，你就会看到另一种光景。劳作本身是辛苦的，但它会使人感到充实，能让人在挑战自我的工作中得到心灵上的愉悦和满足，这是一个痛并快乐着的过程。

李玟是一名非常优秀的同声传译员，全国具有同等资格的只有区区几十人而已，而李玟便是这少数人中的精英，可是她在大学所学的专业并非英文而是中文，从一个外行一步步跻身到顶级英文翻译专家的行列绝不是件容易的事，她背后付出的辛苦是可想而知的。

中文系毕业的李玟做英文翻译可谓是半路出家。最初她在深圳的一家企业做文案，深圳是一个高速发展的城市，精通一门外语非常有助于提升一个人的核心竞争力，李玟认清这点后便利用业余时间自学了一年英语，后来得到总经理赏识，被提拔为助理，负责翻译外电和传真。有一次她参加了一个大型国际级商贸讲座，被台上自信潇洒的同声传译员吸引，产生了做同声传译的念头。

同声传译员门槛特别高，就算是外语专业毕业的研究生，未经过系统的专业训练，也难以胜任这么高难度的工作，李玟却不管不顾，一门心思想要成为其中的一员。为了实现自己的理想，李玟报考了大连外国语学院的研究生，入学以后疯狂地学习专业知识，四年来听过的英语磁带足有30公斤重。在学习期间，她几乎没有睡过一个好觉，也没有好好享受过一次美食，就是靠着这种废寝忘食的刻苦拼搏精神，她成功通过了同声传译的资格考试。

拿到资格证书以后，李玟正式进入了同声传译行业。同声传译表面上很风光，待遇优厚得令人羡慕，乘坐的是高等商务舱，入住的是五星级酒店，可以身姿笔挺地出现在各大国际级会议上。可是从事这个行业压力非常大，李玟经常忙得连上厕所的时间都没有，为了做好这项工作，需要事先做大量的准备工作，在体能和精神上都要承受不小的考验。有个同事在出席会议前，主办方交给了他两百多盘录影带，他因为不堪压力，把工作搞砸了，之后就退出了这个行业。

　　李玟的工作当然也不轻松，有一次她在北京王府井召开的房地产大会担任同声传译员，在会议开始前，李玟查阅了大量有关房地产的专有名词，还在短短的三天时间里听完了26盘磁带，为了熟悉那些陌生的词汇，三天里她几乎没有正常吃过一顿饭，反反复复研究琢磨，不敢有半点马虎。当天出色地完成任务后，同学说她站在台上非常酷，可是就是为了这"酷"，在短短一个星期里，她整整瘦了一大圈。

　　同声传译无疑是那种"台上一分钟，台下十年功"的工作，做这份工作，人生就像在刀尖上行走，痛苦与快乐同在，台上的英姿煞飒是台下无数的汗水和心血换来的，从事这个行业的人不但要有一副好身体，还必须有过硬的心理素质。李玟喜欢挑战自身的极限，她享受这种刀尖上的舞蹈，凭着坚定的决心、勇气和信念，终于成为了国内为数不多的顶级同声传译员。

　　压力会给人带来痛苦、烦躁等各种负面情绪，可是没有压力就没有动力，如果调试得当，压力完全可以转化成驱策自己奋进的动力。对于饱受压力困扰的职场人士而言，要学会用平和的心态与压力相处，在辛苦的付出中享受胜利的喜悦，在挑战中实现自我超越，把痛苦转换成快乐的能量，鼓舞自己大踏步前行，迈向星辉灿烂的康庄大道。

第三章
把挫折当垫脚石，垒砌生命的高度

　　人生最重要的不是拥有什么，而是经历了什么。挫折和苦难是人生的一笔宝贵财富，然而不是所有人都愿意领受这笔无形的财富。脆弱的人把挫折视为灾难，遇到一点微不足道的小风浪，心中就腾起了惊涛骇浪，以至于丧失信心，什么事也做不成。睿智的人从不把挫折当成绊脚石，而是把它当作垫脚石，历经挫折之后，学会了冷静思考，重新找到了人生的航标，然后有了扬帆远航、一往无前的豪情，驶向更加辽远的深海。

　　不要被挫折打倒，不管前路有多么曲折，也不管你面临着多少艰难险阻，都要让自己振奋起来，因为你的前途仍然是无限光明的。挫折只是曙光到来时，命运投下的暗影，冲出这片阴影，世间处处都是阳光。挫折是考验，也是天赐的礼物，如果它不能把你压垮，你就能把它当作提升自己的垫脚石，垒砌生命的高度。

01. 挫折也是天赐的礼物

> 把挫折当成灾难，人生就会演变成一种灾难，只有把挫折当成礼物的人，才能跨越人生的各种障碍，用强有力的步伐走向人生的巅峰。

人生如同航海，生活不可能永远波澜不惊，风浪和挫折无处不在。学业受挫、事业失败、经济困顿、恋爱关系终结、婚姻破裂、人际关系恶化、天灾人祸等不如意的经历，都会给人带来深深的不安和挫败感。重大挫折可能让人一蹶不振，日常的小挫折也常令人感到懊恼，比如早上搭乘交通工具遇上塞车，上班迟到被上司毫不留情地批评了一顿；兴致勃勃地着手一项工作，结果却远不如预期的理想；临近约会时间，公司突然宣布加班，受到冷落的女朋友在电话里吵闹着要分手……

挫折使人的自尊心和自信心受挫，它就像旋律起伏的一个波段，强者会奏出满堂华彩的高音，而弱者则会跌到谷底。把挫折当成灾难，人生就会演变成一种灾难，只有把挫折当成礼物的人，才能跨越人生的各种障碍，迈着强有力的步伐走向人生的巅峰。

赵寰宇是一所艺术学院的学生，他主修的专业是美术，作为一名特长生，在高中时代他表现得非常出众，好多作品都得了一等奖，张贴在校园的各个角落里，有人还戏谑地称他是校园里的梵高。可是上了大学后，赵寰宇一下子就失去了往日的光环，他这才知道天外有天、人上有人，大学里人才济济，来自五湖四海的同学们几乎个个身怀绝技，无论美术功底还是绘画水平都比他略胜一筹，这让他很不适应。

赵寰宇感到恐慌，他觉得自己一下从优等生变成了落后生，这种落差让他难以承受。他开始害怕踏进教室上课，常常对着白纸发呆，画笔握在手里，迟迟不能落笔，大脑里是一片空白。教室的墙面上贴满了五彩斑斓的绘画作品，每幅画线条都是那么明快洒脱，颜色都是那么富有变化，而且创意十足，完美得无可挑剔，只有赵寰宇的作品显得毫无特色，他的灵感似乎枯竭了，天赋也消失了，笔下的东西刻板得就像模板印上去的一样。

赵寰宇知道自己再也不是那个出类拔萃的绘画天才了，他感到技不如人，自尊心受到很大挫伤，毕业之后他连求职的信心都没有了。他不敢投简历，不敢跑人才市场，也不敢去面试，就这样无所事事地度过了好几个月。后来经过朋友推荐，他才得到了一次面试机会，招聘方要求他提供一些近期的美术作品。赵寰宇感到非常纠结，他一连画了好几幅画都不满意，万般无奈之际，他只好翻出高中时代的作品来充数，没想到面试官非常欣赏他的作品，当天就宣布他被录取了，让他下周一准备上班。

顺利得到一份工作本是一件好事，可是赵寰宇却开心不起来，他认为自己的画技早已不如从前，别人迟早会发现的。他不想在大型画室里工作，可是为了谋生他又不得不接受这份工作。权衡再三后，他还是忐忑不安地走向了工作岗位，起初他的表现非常差劲，让上司大失所望。他本以为自己会被辞掉，上司却愿意耐心地和他交流，想知道这个很有天赋的年轻人究竟出了什么问题。

赵寰宇向上司讲述了自己一再受挫的经历，上司听完后，语重心长地说："每个人都会遇到挫折，你以为我就是一路坦途吗？我和你一样大的时候，学校老师和同学都认为我画的画是全校最烂的，老师还经常说我的作品是垃圾，但是我没有放弃绘画这条路，而是把受挫的经历当成了对自己的考验。在以后的时间里我狠下苦功夫提升自己的绘画本领，使全校师生都对我刮目相看，工作以后再也没有人认为我笔下的作品是垃圾。小伙子，不要遇到一点挫折就对自己丧失信心，你还是很有天赋的，我非常看好你，现在你必须调整好自己的心态，我相信你一定能拿出让我眼前一亮的作品。"

上司的一席话深深触动了赵寰宇，下班以后他把自己关在房间里专心致志地作画，一连画了好几个小时，画纸撕掉了一张又一张，最后终于找到了一点感觉，画出了一幅还算不错的作品。第二天他把自己的工作成果拿给上司看，上司高兴地点了点头，他这才感到如释重负。

你是否像赵寰宇那样因为达不到目标而被挫折打败了呢？面对挫折，要尽最大努力让自己保持一颗平常心，挫折虽然是你前进道路上的障碍，但是它不完全是绊脚石，如果你能以积极的心态应对挫折，就能把绊脚石变成垫脚石，使自己的人生迈向一个崭新的高度。

02. 人生不是直线，而是曲线

人生是曲线，才有跌宕起伏的精彩，无论你走过多少弯路，只要同样能达到终点，又何必计较过程的曲折呢？

我们都知道一个最简单的数学定理：两点之间直线最短。在工作和生活中，我们也希望事事都能朝直线方向发展，无论做什么事都能一步到位，少走弯路，可事实却总是事与愿违，这是为什么呢？因为直线式的人生是不存在的，人生本来就是条波澜起伏的曲线。人们在热炒职业规划的时候，总以为未来的前景会按照事先规划好的蓝图一步步铺就，可事实却是，每个步骤都充满了曲折，有时还会偏离预期，这是非常正常的，现实世界是错综复杂的，计划永远赶不上变化，一步到位只存在于理想的环境中。在感情方面也是如此，谁能保证恋爱一次就能走进婚姻殿堂呢？

毕业多年，当你回顾自己走过的路，无论是工作方面还是情感方面，都不是一帆风顺的，而是充满了波折。如果你觉得自己兜兜转转绕了不少圈子，也不要过于气恼，因为有些弯路是你必须要走的，世上鲜有直奔终点的路，与其花费更多的时间寻找并不存在的捷径，还不如顺其自然，在泥泞曲折的道路上留下深深浅浅的脚印。

严伟毕业七年了，眼看就要步入30岁大关，回首过往，他觉得自己走了不少弯路，在事业和爱情两条跑道上他走得并不顺。其实他并不是一个目光短浅、不为未来打算的人，对于未来他也有着各种各样的设计和规划，早在上大学时他已经开始规划自己的人生了。那时他认为一个人选择的专业和学校很大程度上会影响他未来的发展，所以拼命学习，考取了国内的名牌大学，还选择了一个新兴的专业——汽车工程。

毕业之后，严伟才知道自己所学的专业工作不好找，以前他想一些传统的专业就业已经进入饱和状态，新兴专业更具市场潜力，没想到事实却不是这样，一些学计算机和营销专业的学生很快就找到了对口的工作，而他的工作却迟迟没有着落。迫于就业压力，他打算出国深造，因为英文功底不错，他顺利地通过了雅思考试，出国的手续也都办好了，可是他不知道出国以后他和女友还有没有未来。机场一别之后，他和女友的关系渐渐冷淡了，女友是个渴望安定的女孩子，不想再维系一段动荡不安、远隔重洋的感情，所以两人通了几次电话就和平分手了。

学成归国以后，严伟本来是自信满满的，以为回来就能得到一份理想的工作，熟料不少海归都成了待业青年，高不成低不就的，很多人都找不到合适的工作。严伟把期望值一降再降，招聘方提供的待遇还是让他无法接受，他在国外学习花销巨大，不甘心成为廉价劳动力。几经周折之后，他心灰意冷，决定转行做销售，毕竟这个行业收入不是固定的，业绩和工资直接挂钩。坚持了一年左右，他的月薪达到了7000多元，不过对于一个高学历的海归来说，这样的收入仍然不算理想，更何况他已经厌倦了这份工作。这时他对编程产生了兴趣，毕竟这是个高薪的行业，给人以精英白领的感觉，于是他立即辞去了工作，报了个培训班学习编程，学成之后很快就成为了一名程序员。

严伟的工作渐渐趋于稳定，他还结识了一个白皙清秀的女孩，两个人建立了恋爱关系。可惜没过多久严伟就发现爱情和事业是很难平衡的，他平时工作太忙了，没有太多的时间陪伴女友，女友总是向他抱怨，搞得他不胜其烦。眼看自己就要30岁了，女友也只比自己小两岁，已经有了恨嫁的情绪，他的父母也希望他能早点成家。

面对眼前的情形，严伟一筹莫展，他不想失去女友，又想保住现在的工作，他明白鱼与熊掌不可兼得，可他不想选择，于是一直拖拖拉拉不表态，女友数次和他提出过分手，但两个人总是藕断丝连，分分合合就像爱情肥皂剧一样。后来严伟和朋友一起合开了一家咖啡馆，工作不再那么繁忙了，而且收入比之前要高，当年夏天，他和女友步入了婚姻殿堂。经过一系列波折，他的事业和爱情总算有了比较圆满的结果。

　　人生之路是崎岖的，在人生的旅途中，我们只能曲线前进，而不可能一路直行，不要为"有心栽花花不开"而懊丧，因为有时会"无心插柳柳成荫"，不要为"山重水复疑无路"而迷惑，因为一转身你便有可能看到"柳暗花明又一村"，不要为"众里寻他千百度"而不得而悲伤，因为蓦然回首，你便可能发现"那人却在灯火阑珊处"。人生是曲线，才有跌宕起伏的精彩，无论你走过多少弯路，只要同样能达到终点，又何必计较过程的曲折呢？

03. 奇迹都是在厄运中出现的

　　对于意志力坚强的人来说，厄运只是诞生奇迹的温床，一个人一旦有了无坚不摧的意志力，就可以征服世界上任何一座高山。

　　培根说过："超越自然的奇迹，多是在对厄运的征服中出现的。"奇迹之所以被称作奇迹，是因为它存在于反常的现象中，也就是说在正常的状态下你很难创造奇迹。你是否有过这样的体验：好多事情在顺利的情况下你无法把它做得更出色，可是在极端的情况下，比如在被下了最后通牒之后，反而有了超常发挥，工作完成得非常漂亮，这是为什么呢？这是因为紧张的氛围促使你最大限度地激发了你体内的潜能。职场上这样的例子是很多的，譬如一个即将要被砍掉的栏目，收视率突然飙升，工作人员并没有发生调动，然而一个不被看好的栏目却能在短期内起死回生，这本身就是一个奇迹。在生活中同样的例子也很常见，屡遭厄运打击的人，或者有某种重大缺陷的人却能取得正常人无法取得的成就，这无疑就是生命的奇迹。

开普勒一生都在和病魔抗争，他的厄运从他呱呱坠地的那一刻就开始了。因为早产，他的身体非常虚弱，4岁时他感染了天花，险些死去，侥幸捡回了一条命，却落下了一脸麻子。接着他又患上了可怕的猩红热，高烧持续不退，眼睛被烧坏了，身体康复之后他的视力严重受损，小小年纪就患上了高度近视。好在他的智力没有受到影响，他凭借着顽强的毅力顺利读完了大学。

毕业之后，开普勒成了一名教天文学的老师，然而他真正感兴趣的学科是数学，他在学校时接触了一点有关天文学的知识，由于视力上的缺陷，他几乎无法观察天象，满天闪闪发光的星辰对他来说不过是自然界中的一些天体罢了，并没有什么特别的。然而在担任天文学教师以后，他边教边学，慢慢对天文学发生了兴趣，还立下了"为天空立法"的宏愿。

在为远大目标奋斗的过程中，开普勒病痛缠身，他以不屈不挠的意志顽强工作，后来他意识到一个人的眼界和学识是有限的，于是打算拜布拉赫为师。有一年，他携妻儿踏上了拜师求学的漫漫征程。开普勒本来体质就弱，一路上又受尽饥寒劳累，在半途中他病倒了，他在一家简陋的小客栈里躺了好几个星期，随身带的钱也花完了。在这种情况下他很可能客死异乡，妻儿也会受到连累，实在走投无路了，他只好给布拉赫写信求援，布拉赫及时给予了他必要的资助，这才解了他的燃眉之急。跋山涉水见到布拉赫以后，开普勒全身心地投入到了有关行星运行规律的研究。

开普勒在贫病交加的恶劣情况下苦苦奋战了20年，终于揭开了有关宇宙和星辰的奥秘，建立了行星运动的三大定律，实现了年轻时立下的伟大宏愿。

第三章
把挫折当垫脚石，垒砌生命的高度

对于意志力坚强的人来说，厄运只是诞生奇迹的温床，一个人一旦有了无坚不摧的意志力，就可以征服世界上任何一座高山，厄运并不能阻挡他的脚步，只会让他攀得更高，走得更远。厄运未必给人生带来的都是负面影响，有时无常的变故也能激发你潜藏的能力，让你看到一个不一样的自己。

秦木阳是个富二代，他一直不学无术，除了吃喝玩乐什么都不关心，他想反正父母会为他铺路，自己坐享其成岂不更好，何苦去辛苦奋斗。就这样他荒废了很多大好时光，一晃就毕业了。毕业那年，他父亲经营的公司在激烈的商业竞争中倒闭了，秦木阳一下就傻眼了，光鲜的生活瞬间就成了明日黄花，他生平第一次为自己的前途感到担忧。

由于没有一技之长，学业又不精，秦木阳找不到一份长期的工作，迫于生活压力，他只好挽起袖子做了一名修剪草坪的工人，这份工作非常辛苦，他的手没过多久就被磨得粗糙不堪。起初他不甘心成为草坪工人，一心想着如果能找到更好的工作就马上辞工，但他一直没有得到更好的机会，所以只好硬着头皮不断地重复着繁重单调的剪草工作。

秦木阳做了三年草坪工人，他渐渐发现剪草坪也不是那么枯燥，有一天他不小心铲坏了一块草皮，他灵机一动，把草坪修剪成了漂亮的图案，每当有人看到这块草坪时，都忍不住称赞一番，他感到颇为得意。因为他修剪的草坪具有一定的审美价值，各大宾馆争相聘用他修剪草坪，他的工资也涨了一倍，很快他发现自己忙不过来，就雇用了两个人和自己一块剪草坪。再后来他开了一家小店，三年后他创办了自己的公司，主营业务是帮助客户设计修剪草坪的图案。

厄运就像是一次炼狱，有的人畏之如虎，有的人视若涅槃。厄运能让人浴火重生，使平庸平淡的人生变幻新的色调，使平淡无奇的你重新认识自己。在常态下你做不到的事，在非常时刻内你却能做到，也许这就是孟子所说的"动心忍性，增益其所不能"吧。

04. 岁不寒，无以知松柏

> 人才就像松柏，环境愈是恶劣愈能显示出自己的卓尔不凡，因此大浪淘沙之后他们才能成为被视作最有价值的珍珠，而不是随处可见的砂砾。

不少工作者在职场上奋斗数年以后，依旧平凡如初，耐不住等待便频频跳槽，公司换了很多家，还是没有机会出人头地，好不容易熬到上司调走，重要岗位空缺下来，但走马上任的却不是自己，而是自己的同事。随着时间的推移、年龄的增长，自己的优势越来越薄弱，职业前景一片黯淡。你不禁郁闷地仰天长叹，质问上天为什么让你怀才不遇，其实这跟命运完全无关，只不过你一直在扮演着人力的角色，不曾把自己锻造成稀缺人才。

荀子说："岁不寒，无以知松柏。"是的，只有到了一年中最寒冷的时刻，所有的树木都只剩下了光秃秃的枝干，我们才能发现四季常青的松柏有多么与众不同。这样的道理放在职场上同样适用，只有能顶住压力，完成超常任务的员工才能被视为人才。人才和人力只有一字之差，本质却大不相同。人力畏惧挫折和困难，承受不了压力和挑战，因此只能一辈子做普普通通的劳动者，而人才能完成绝大多数人无法完成的工作，因此更容易脱颖而出。

第三章
把挫折当垫脚石，垒砌生命的高度

有一个叫比尔的老兵在战争中负伤，一条腿留下了永久性残疾，虽然他成了一个跛子，可他不想让生理上的残疾影响到自己的正常生活。退役以后，他开始忙着找工作。他很想到木材厂应聘销售员的工作，为了得到这个职位，他使出浑身解数面见公司上层管理人员，耐心地一层层找上去，不达目的决不罢休。最后他见到了已经退居二线的董事长，董事长被他执着的精神打动了，决定给他一次机会，声称只要他能完成一项艰巨的任务公司就会录用他。

董事长让比尔去购买一个蓝色的花瓶，要求他必须在晚上八点钟准时把花瓶送到火车上。这项任务表面看起来好像没有什么难度，却被董事长策划得一波三折。首先董事长给比尔的购货地址就是错的，这样比尔需要花费好几个小时寻找蓝色花瓶，等到他费力地找到正确的地点，卖花瓶的商店早已关门了。比尔为了联系商店的老板，打了一通又一通电话，几经周折才联系上了商店的经理，可是他此刻竟在临近的州吃饭。

最后比尔总算找到了经理助理，他急忙表示自己希望立即买下花瓶。经理助理要价2000美元，比尔并没有带那么多钱，这时他忽然想起自己身上唯一值钱的东西就是一枚钻戒，他劝说经理助理允许他用钻戒做抵押。他总算把蓝色花瓶买到手了，但这时的时间已经超过了晚上八点，他仍旧在想办法补救。之后他给飞机场的一个朋友打了电话，请求朋友开直升机追赶董事长乘坐的火车。朋友把他带到了那辆火车的铁轨上，然后离开了。比尔为了迫使奔驰的火车停下来，点燃了随身携带的报纸，列车员一脸错愕地刹住了车。火车停住了，比尔拖着一条残腿见到了董事长，并依照要求把那只蓝色花瓶交给了他。这几乎是个不可能完成的任务，但比尔完成得相当出色，最后他如愿得到了销售员的工作，因为董事长不想错失这么优秀的一位员工。

人才和人力最大的区别是，人才从不认为有什么事情是不可能办到的，他们喜欢迎难而上，不会因为遭受了挫折就感叹希望渺茫，而会想尽一切办法把工作做好。人力的做法却是完全相反的，他们喜欢强调任务的困难性，遇到一点阻力就绕道而行，解决不了任何棘手的难题，所以一直难当大任。人才就像松柏，环境愈是恶劣愈能显示出自己的卓尔不凡，因此大浪淘沙之后他们才能成为被视作最有价值的珍珠，而不是随处可见的砂砾。

每个人在执行任务的过程中，都会遇到拦路虎，没有人可以随随便便达成目标，不战自退永远没有赢的可能，唯有逢山开路、遇水架桥，才能突破一切艰难险阻，成功到达目的地，成为脱颖而出的优胜者。

05. 流水遇到断崖，才会跌出美丽的飞瀑

> 流水甘于在地面上缓缓流淌，只能成为平凡的溪流和江河湖泊，只有挑战断崖的高度，才能跌出美丽的瀑布。

有人说，要想取得世界级的成就，就必须克服世界级的困难，但人在天性上就有畏难心理。小时候做数学题总是先挑选最简单的题目来做，长大后也是逢难必躲，做论文时有意避开高深的研究课题，不假思索地选了一个相对好写的论题。步入职场，从来就不会主动请缨完成具有一定挑战性的任务，害怕立军令状，也怕做错事，一心认为什么都不做才最保险，结果眼睁睁地看着机会一次次溜走，展现能力和才干的总是别人，当然升迁也没有自己的份儿。

第三章
把挫折当垫脚石，垒砌生命的高度

流水甘于在地面上缓缓流淌，只能成为平凡的溪流和江河湖泊，只有挑战断崖的高度，才能跌出美丽的瀑布。人也是一样，只愿解决 1＋1＝2 的简单问题，永远都成不了大器。世上鲜有无法逾越的障碍，大部分挫折和困难其实都是可以战胜的，你之所以畏手畏脚，迈不开步伐，是因为你缺乏战胜它们的勇气和决心，而一旦你突破了自己的心理障碍，就会换一种视野看待问题，产生"一览众山小"的信心和豪情。

王颜是一家化妆品公司新招聘的员工，经过短暂的培训后，便正式上岗了。她刚刚工作没多久，经理宣布公司要在华南地区拓展市场，希望独立工作能力强的员工能积极参与到这个项目中来，公司会提供一切人力和物力的支持。谁知对于经理这个热血沸腾的计划，老员工们个个保持沉默，没有人毛遂自荐。经理把目光转向了新入职的新人，新员工也都纷纷低下了头，谁也不愿意到陌生的地方开发市场。

会场上一片沉寂，忽然王颜自告奋勇地站了起来："经理，我想试试看。""可是，你……"经理觉得王颜太年轻了，她是公司里年纪最小的一个，认为她担不起这么重大的责任。王颜却说："我知道这项任务十分艰巨，工作中会出现很多困难，但我想挑战自己，尽最大的努力把工作做好，请经理给我一次机会。"经理见她说得诚恳，便同意了她的请求。下班回到员工宿舍后，王颜开始为自己一时的冲动感到后悔，毕竟她只是个应届毕业生，什么都不懂，这么快就到一个陌生的地区开疆拓土，似乎有些太仓促了，她心里一点把握也没有。舍友们也说她少不更事，其中一个老员工还说："你还真是初生牛犊不怕虎，我们老员工不敢接的任务你敢接，万一把项目搞砸了，你能担起责任吗？"王颜虽然心态上发生了微妙的变化，嘴巴还是很硬："不去尝试怎么知道自己办不到？"

经理针对王颜工作经验不足的特点，为她制定了一套严谨实用的工作方案，并承诺在后方全天候提供咨询服务。开拓华南市场的第一站选在了深圳市，王颜到达深圳后马不停蹄地忙于建立市场拓展点，她开设了一个新的营业点，选址、施工忙得不亦乐乎，经过一番苦战，一家小型化妆品店终于拔地而起。接着她又忙着为公司的产品进行宣传，给顾客们寄送产品宣传资料，还在当地多家报纸刊登了广告。随后她又和同事举办了一系列的宣传活动，比如抽奖、打折优惠、赠送小礼品等，以此吸引顾客光顾自己的化妆品商店。

三个月后，王颜被提拔为当地部门的副经理，并从总部派来资深的部门经理给予其工作上的指导。一年之后部门经理调回了总部，王颜在工作上完全能独当一面了，她也顺理成章地被晋升为部门经理。

要想在事业上有一番作为，不能惧怕任何压力和困难，必须勇于挑战自己，任何贪图安逸、止步不前的做法都是不可取的。对于年轻人而言，虽然莽撞冒进会带来不良后果，可是故步自封的危害更大，主动接手高难度的任务意味着挑战和风险，但缺乏冒险精神就没有希望超越平庸，晋升的阶梯是为勇者搭建的，不敢攀登的人会永远处在金字塔的底层，不会有机会看到更辽阔的风景。若想给自己的人生一次飞跃的机会，你必须主动迎接一切挑战。

> 第三章
> 把挫折当垫脚石，垒砌生命的高度

06. 让逆境在你的斗志面前屈服

逆境催人奋进，因为没有伞的人在雨中奔跑得更快。

别林斯基说："逆境是最好的大学。"的确，凡是经过这所"大学"深造的人都能成为品格坚毅的人。那些生存环境差，到处被摒弃、被排挤的青年，为了改变自身的命运，通常会付出超出常人数倍的努力，他们最后往往都成了强者。人在逆境中才会迅速成长，这就好比钢铁在炉火中要经过千锤百炼才能变得坚不可摧。

年轻的你在成长的过程中，可能很多次深陷逆境。在学校不受欢迎，被老师同学看作差生，步入社会后本以为从此便可扬眉吐气，熟料生活压力比学业压力还要大，不知不觉就成了卡奴、房奴，职场环境也比校园环境复杂，一不小心说错话就成了被群起而攻之的排斥对象，偶尔会加入失业大军，间断性地遭遇经济危机。其实这些经历都没有什么，只要你足够顽强，逆境也会在你的斗志面前屈服。

程华是一名医科大学毕业的实习医生，他为人忠厚老实，在校时只是一门心思读书，对于人情世故一窍不通。刚刚参加工作，他感到非常不适应。同事们都觉得他很无趣，把他当成了愣头愣脑的书呆子，几乎没有人愿意主动教他做事。在医院的一次内部调整中，程华被分流下岗了。

失去工作，程华非常难过，他脱下了刚穿上不久的白大褂，成了一名待业人员。随后他屡次求职被拒，银行卡里的余额越来越少，如果再找不到工作，他连食宿费用都要支付不起了。面对生活的巨大压力，他选择了暂时妥协，在街口支起了一个小型的水果摊，靠卖时令水果赚些零钱。程华也知道卖水果不是长久之计，他也不甘心就这样放弃自己所学的专业，毕竟他花费了五年时间来学习医学知识，如果不能学以致用，之前的付出就白白浪费了。

程华心想自己适应外部环境的能力差，可是却十分擅长学术研究，他的毕业论文做得非常漂亮，曾经受到了学校老师的高度赞扬，于是他决定靠撰写医学论文闯出一条路来。他的床头上放着好几本厚厚的砖头书，每次收摊回来他就开始认真研读起来，他还仔细地将重要内容圈起来，详细誊写在笔记本上。经过一段时间的学习研究，他拟写的几篇论文在国内知名杂志发表了。

寒来暑往，一年时间就这样过去了，程华撰写的论文越来越专业了，期间他也一直留意互联网上的招聘启事，有一天他看到一家大型跨国公司向全世界招聘各类人才的启事，其中也包括医学人才。程华觉得这是一个不错的机遇，就试着把自己的简历以及拟写过的论文资料发到了招聘方的邮箱。没想到没过多久他就得到了答复，他被录取了，年薪高达30万美元。收到这个振奋人心的好消息，程华激动地流下了眼泪。

在这一年的时间里，程华付出了常人无法想象的努力，他居住的房间冬天冷得像冰窖，夏天热得像火炉，可是无论条件多么艰苦，他都没有放弃自己的学习，冷了，就喝几口温热的酒，一边搓着手一边写论文；闷热难耐时，他就把保温饭盒里装满了冰棍，撰写论文时时不时取出一根冰棍吃。程华在昏黄的灯光下写下了不少有研究价值的好论文，他的付出最终没有白费，在沉寂了一段时间后，他这颗埋在地下的金子终于有机会发光了。

朋友们对程华的工作羡慕不已，有位朋友说："你真是交了好运了，这么大的馅饼怎么就没砸在我头上。"程华笑笑说："这跟运气没有什么关系，我今天所拥有的东西都是靠自己的努力奋斗换来的，是逆境造就了我。"

一个没有在逆境中摸爬滚打过的人，从某种程度上说，不会是一个懂得生活、对生命有深刻感悟的人。经历过逆境的人更明白幸福生活的来之不易，也更了解个人奋斗的价值。逆境催人奋进，因为没有伞的人在雨中奔跑得更快。在各方面的条件对自己都不利的情况下，人必然会被危机感萦绕，为了缓解危机，往往可以做出令人不可思议的事情，迸发出骇人的能量，这就是逆境出人才的根本原因。

07. 战胜你自己，你将无往而不胜

> 战胜别人，你只是赢得了一场比赛，战胜你自己，你便赢得了整个世界。

人最大的敌人不是强劲的对手，而是自己。很多人在各种竞争中落败，不是输给了别人，而是输给了自己。年轻人在初到一个陌生的工作环境中时，会恐惧、会露怯，能力和潜力受到抑制，一旦受到批评，就会像犯错的小学生一样感到既委屈又羞愧，自信心受到打击，遇到挫折和难题，总是没有信心独立解决，不是想搬救兵，就是想逃避，就这样要么成了败军之将，要么成了逃兵，在与困难较量的过程中，丢盔弃甲、节节败退。其实失败的原因不在困难本身，也不在竞争对手有多强悍，而在于自己意志的城墙过于薄

弱，经历一点点撞击就迅速崩塌了。

　　战胜别人，你只是赢得了一场比赛，战胜你自己，你便赢得了整个世界。如果你已经变得雷厉风行、无所畏惧，那么世上将没有任何难题可以把你难倒，也没有任何人可以将你击败，打败自己，你将所向披靡、天下无敌。

　　吉米出生在美国一个并不富裕的家庭，从少年时代开始他就开始半工半读过日子了，因为经常外出打工，他频繁旷课，最后被勒令退学了。步入社会时，吉米还是一个只有17岁的小伙子，他除了会打散工，什么都不懂，找到一份长期稳定的职业是件很困难的事。由于母亲从事的是保险职业，吉米也加入到了这个行业，按照母亲的指点，他来到了一幢办公大楼前，打算把写字楼里的职员发展成目标客户。

　　吉米那时连开场白都不会说，他不知道该如何销售，心里很害怕，产生了退却的念头。吉米站在大楼外的人行道上，看着来来往往的人群，感到十分茫然。他告诉自己必须突破这一关，否则一辈子都有可能做不成任何事。他咬紧牙关，硬着头皮走进了大楼，他想，如果被人赶出来，就找机会再闯进去，决不能轻易退缩。

　　庆幸的是，并没有人阻拦他，他也没有被赶出去，而是非常顺利地走遍了办公楼里的每一个写字间，被一个办公室拒绝后，他会马上到另一个办公室推销，不遗余力地劝说人们购买他的保险产品。他费尽了唇舌，遭到了无数次拒绝，后来终于有两位职员向他购买了保险。两个客户或许算不了什么，这两笔生意的金额也不算太大，但这对吉米来说却非常重要，这是他职业生涯迈出的第一步，通过这次经历他找到了克服心理障碍向陌生人推销产品的方法。

　　吉米总结出一条经验，从一个办公室介绍完产品后要立即走进另外一个办公室，不给自己一点犹豫和思考的时间，这样就可以有效克服内心的畏惧感。他觉得一名合格的销售员必须鼓足勇气面对自己害怕的事，决不能因为胆怯而裹足不前，遭人白眼和被拒绝都不算什么，最重要的是不能被自己的心魔打败，只有战胜自己，才能赢得别人的信任和尊重，成功把产品销售出去。

吉米凭借着过人的勇气，卖出了一份又一份保险，销售业绩不断上升，三年之后他成为公司里的明星销售员，五年之后他被提拔为部门经理。他回顾以往经历时，把自己事业的成功归结为战胜自我的结果，他说："如果你能打败自己，那么在这个世界上将不会再有对手。"

处在青涩状态中的你，或许十分羡慕那些果敢、干练的职场精英，殊不知他们在初出茅庐时其实也会怯场和不知所措，随着阅历的增加，他们逐渐克服了一切恐惧，彻底战胜了自己，因此才蜕变成了今日成熟的模样。不要因为自己懂得太少而惭愧，也不要因为自己经验不足而自卑，没有人天生是百事通，也没有人生来就有丰富的经验，你必须学会克服内心深处的恐惧，一路勇往直前，勇敢地突破自己，超越自己，跨过重重藩篱，走向胜利的终点。

08. 困难背后总是潜藏着机会

困难与机遇并存，拒绝应对困难，也就等于把大好的机遇挡在了门外。

许多人终其一生都在等待一个改写命运的机会，却不知道机会不是等来的，而是自己创造出来的。事实上，困难背后总是潜藏着机会，只可惜它出现时，你却没有完全准备好。一份安逸的工作未必能给你带来什么机会，而一份艰辛、充满挑战性的工作却有可能为你提供一个巨大的舞台，激发你的潜能和创造力。

当你的工作进入瓶颈的时候，也许就意味着一个机会，要么你想方设法突破瓶颈，要么永远被卡在那里，被逼迫得没有回旋余地时，你唯有奋力挣脱桎梏才能脱身，等到问题圆满解决了，你的能力也有了巨大的提升。所以，在日常工作中，不要害怕困难，因为通常困难与机遇并存，拒绝应对困难，也就等于把大好的机遇挡在了门外。

杰瑞是一家广告公司的业务员，刚刚从事这项业务时，他投入了巨大的热情，每天不辞劳苦地面见客户，尽管他十分能干，也很能吃苦，可业绩却十分不理想，有一天经理对他说："你工作很努力，但业绩一直不能达到公司的要求，我想你的工作已经进入到了瓶颈期，我相信你一定能突破这个瓶颈，变得更加优秀。今天公司高管开会做了一个决定，以后会对你的薪金做出调整，以后你的底薪就没有了，只能从广告费中抽取佣金，抽取的比例要比以前大很多。"

杰瑞听到这个不幸的消息后，压力陡然增大，他明白上司这样做自然有一定的道理，于是毅然决定接受这个挑战。他改变了以往的工作方式，开始从不好对付但非常重要的大客户入手。列完一份名单后，他又给自己制定了两个月的工作期限，决定两个月后一定要和这些大客户签下大单。对于其他业务员来说要争取到名单上的客户简直就是不可能完成的任务，而杰瑞却把他们列为了自己工作的重点目标。

月初的第一天，他拜访了十位不好打交道的大客户，成功地与其中的两位谈成了交易。在临近月底的几天里，他又完成了两笔交易。到了月末，十位大客户中只有一位不肯买他的广告。同事们纷纷劝他放弃，认为没有必要在那位难缠的客户身上再浪费时间了。杰瑞却没有把他从自己的工作名单中划除，到了第二个月，他在开发新客户时，还不忘腾出时间拜访那位客户，每天早晨，只要那位客户一在街上露面，杰瑞就继续和他谈广告的事情，那位客户的态度还是十分坚决，表示对他的广告完全没兴趣。

第二个月转眼就要过去了，杰瑞再一次拜访了那位客户，客户讲话的语气平和了许多，他说："年轻人，你已经在我身上花费了两个月时间，而我根本不打算购买你的广告，你明知道自己会一再被拒绝，为什么还要坚持这么做，这难道不是浪费时间吗？"

杰瑞回答说："我没有浪费时间，和你打交道我也有不少的收获，即使你无心购买我们公司的广告，我也从你那里磨炼了自己克服困难的意志，这种付出是值得的。"那位客户听完杰瑞的解释后，笑了："你很聪明，也非常有毅力，我相信雇用你的公司也是一家非常优秀的公司，好吧，我决定购买你们公司的一个广告版面。"就这样，杰瑞出色地完成了自己制订的工作计划，突破了职业发展的瓶颈，成为了最受公司器重的骨干销售员，后来他被提拔为公司的总经理，全权负责公司的区域业务。

面对困境，千万不要恐慌，因为困境中通常潜藏着机会，如果你能坦然面对前进道路上的阻遏，磨砺自己的耐力和韧性，克服所有的艰难险阻，便可获得一飞冲天的机遇。不要被暂时的困难压倒，倘若你的内心足够强大，意志力足够刚强，困难不过是虚张声势的纸老虎，一戳即破，勇敢地击败它，用实力证明自己，你的未来将是一片光明。

09. 流泪过后，请记得微笑

> 与其委屈地流泪，不如快速地提升自己，让自己成为真正的强者。

在职场达人笑傲职场时，不少职场新人都在黯然神伤，工作一段时间后，各种烦恼和委屈纷至沓来，被训斥、被否定、被轻视、被责难等负面经历，让人难受得透不过气来。多少奉行"有泪不轻弹"的人在孤独无助时也默默洒下了清泪，情绪失控时甚至哭得歇斯底里，但惊天动地地哭过一场之后，依然要面带微笑地迎接新的一天。

不可否认的是，年轻人的生存状态是艰难的，梦想成蝶，却沦落成了蚁族，加班加点地工作却换不来一句肯定，人际关系复杂，找不到归属感，经常感到前途未卜。面对着物质和精神的双重压力，常常觉得茫然无措，时不时有一种想哭的冲动，可是千万不要忘记了，痛快地哭过之后，请记得微笑，因为明天的太阳照常升起，生活依旧要继续。

刘敏浩毕业已经一年有余了，他的境况还是十分窘迫，北京地铁价格上调后，他每天都得骑自行车上下班，房租也在不断上涨，食宿费、卫生费、管理费等开销已经花去了他工资大半，剩下的钱他必须精打细算节约着花。然而经济上的窘迫还不是令他最难受的，上司和同事对他的态度才是最让他感到寒心的。

刘敏浩一旦在工作上出现差错，上司就会无所顾忌地在员工大

第三章
把挫折当垫脚石，垒砌生命的高度

会上点名批评他，而且从来不是概括性地说一两句了事，总是大张旗鼓地批判他，这严重地伤害了他的自尊心。有时他配合别的同事一起完成任务，可每次出现问题，受到指责的都是他，原因很简单，他是不谙世事的菜鸟，出差错的概率比较高，所以但凡有了什么问题，领导第一个想责怪的人就是他。他知道辩解无用，只好默默地背了一次又一次黑锅。

有一次，他负责协助经理助理写企划书，当时有一个重要数据出现了失误，上司气得脸都青了，揪住他的领带就开始劈头盖脸地骂："你是怎么回事？不知道这份企划书对我们公司有多么重要吗？连数据都能搞错，真是什么工作都做不好，真不清楚你当年是怎么被招进公司的，你自己说说，除了添乱以外，你还为公司做过什么？"刘敏浩低下了头，半晌无言以对，脸上开始发烧。那天下班，正赶上下小雪，轻薄的雪花刚刚坠落到地面上就融化了，路面显得有点湿滑。刘敏浩骑着自行车有些六神无主，在路口转弯的时候，他一时失神从车子上摔了下来，虽然没有受伤，他心里还是难过得无以复加，在拍去身上的尘土后，眼泪不知不觉就汹涌而出。好心的路人还以为他摔伤了，一边安慰一边要送他去医院，他赶忙擦干眼泪，道完谢后跨上自行车飞快地骑走了。

晚上，刘敏浩和自己的室友喝了一点啤酒，两个人互诉工作和生活中的苦恼，那位室友说："我觉得你现在抱怨没有用，如果你不能让自己成为对公司有价值的人，受再多的委屈也没人理会，你应该想办法让自己升值，等到你成了不可替代的人，别人自然敬你三分，你要是成了公司的中流砥柱，就不会有人再质疑你的能力了。你现在过得不顺，是因为你资历不够，没有实力，等你成为各大公司争抢的人才，所有人都会对你刮目相看，谁还会让你受半点委屈。"

刘敏浩没想到室友会从这个角度看待问题，以前他总认为整个世界都亏欠了自己，因此总是委委屈屈的，却从没想过怎样提升自己、改变局面。室友的话真是一语惊醒梦中人，从此，刘敏浩潜心研究业务，几乎把所有的精力都投入到了工作上，每次完成任务后，他都要仔细核查一遍，出错率越来越少，受到点名批评的次数也大大减少。他还努力把工作做精做好，及时总结经验教训，把所有的细节都详细写进了工作簿上，渐渐地，他的工作有了起色，后来他在本职岗位上干得风生水起，多次受到上司表扬，工资也水涨船高。若干年后，他成了公司的核心骨干员工，做事雷厉风行，不但受到公司上下的一致尊重，还获得了一笔股份奖励。

与其委屈地流泪，不如快速地提升自己，让自己成为真正的强者。残酷而现实的世界是不相信眼泪的，流泪只是为了发泄负面情绪，想哭的时候你可以尽情地哭，哭完以后一定要警醒，不要让自己继续充当弱者的角色。每天早上醒来，给自己一个灿烂的微笑，以崭新的面貌应对每一个今天，努力提升自己的核心竞争力，把自己历练成不可或缺的重要人才，那时你的天地和时空将被全面置换，所有的委屈都会烟消云散，唯有喜庆的礼花为你成功加冕。

10. 没有人能替你坚强，除了你自己

> 日子再苦再难都不可怕，可怕的是你丧失了面对生活的勇气，所以不要轻易向生活投降，坚强起来，壮大自己，只要你斗志不减，所有的困难都会统统退却。

在青春岁月里，散落着不少芒刺，时常会刺痛人心。现实带给我们伤痛，也教会我们坚强。很多年轻人从校园踏上社会后，都会经历一段迷惘的日子，没有方向地横冲直撞，不知道自己最想要的是什么，也不知道路在何方，在残酷的竞争中，不断地跟现实妥协，喜欢文学的人做了医学编辑，热爱音乐的人做了行政助理，立志当飞行员的人成了网络程序员……

原本对待遇还是有一定期望值的，后来发展成零要求，只要得到的面包能勉强填饱肚子，就会欣然接受眼前的职位；以前信誓旦旦地发誓上升空间小的工作一定不要，后来发展成只要有一份正当工作就可以试试看；以前发誓绝不看任何人的脸色，后来看了不少人的脸色，早已对各种脸色习以为常，人就是在这样的逼迫下一点一点变坚强的。你若是不主动适应社会，社会也不会主动适应你，别人不可能替你坚强，你若不够坚强，就会被现实打垮。有些人走马观灯似的换工作，结果越换越糟；有些人则放弃了闯荡，选择回家乡发展；有些人高不成低不就，继续在城市里游荡，这都是不肯接受现实又无力改变现状的结果。

李莉大学学的是国际关系专业，她的志向是成为一名出色的外

交官，可毕业不到半年，她就感到梦想破灭了。好在英文功底不错，她被一家外贸公司录取了。上班的第一天，她的上司就给了她一个下马威，板起脸来对她说："我本来不想要你的，因为我觉得在同一批求职者中你不是最优秀的，可是老板很看好你，以后在这里工作的日子里，希望你能向我证明老板没有看错人。"

李莉被这个严肃的开场白搞得晕头转向，从直觉上判断，她知道上司并不喜欢自己，也许上司的心目中早已有了合适的人选，只是那个人被老板否决了，所以她把怨气发泄到了自己身上。以后发生的事情确实印证了李莉的猜想，上司不但在工作上不愿意指导她，还经常给她脸色看。作为一个新人，她有好多问题都不懂，每次硬着头皮向上司请教时，上司都显得很不耐烦，要么十分不屑地说："你连这都不知道，不清楚你在学校都学了些什么？"要么就发飙地大喊："这个问题我都跟你强调过多少遍了，你真是一点记性都没有，难道要把我当成反复播放的录音带不成？"

李莉明知道自己问问题会被骂得很惨，可是为了保证工作的顺利进行，也只能打掉牙往肚里吞了。她很怕上司，每当上司眼珠一向上翻，她的心都在颤抖。有一次，她正在和一位同事讨论工作上的问题，远远地看到上司走来，她赶紧溜回了自己的座位上，生怕被误会在工作时间聊天。事后那位同事用调侃的语气说："你就那么怕她，一看到她，脸色都变了，简直就像老鼠见到了猫。"

三个月试用期结束后，上司对李莉说："我觉得你的工作表现一般，没有达到我的预期，不应该继续留在公司里，但老板希望我能再给你一次机会，如果你在接下来的一个月里没有明显的进步，就准备辞职走人吧。"

李莉茫然地看着上司，不知以后该怎样表现才好，回到家里，她伤感地想，也许一个月后，她又要重新找工作了，这样下去，自己什么时候才能安定下来呢？尽管李莉在余下的时间里工作更加卖力了，可上司对她的态度并没有明显改观，她悲观地想，如果自己真被炒了鱿鱼，就到二线或三线城市去碰碰运气吧，毕竟那里的生活成本比较低，工作节奏也不像大城市那么快。

当月的最后一天，李莉等待着最后的审判，上司对她的态度有所缓和："你可以继续留在公司上班，虽然你的表现并没有带给我什么惊喜，但你的心理素质很好，这一点我很欣赏。"李莉长舒了一口气，这样的结果完全在她的预料之外。

很多青年人在踏入社会后都备感彷徨，在奔波和劳碌中变得愈发盲目和茫然，自信和勇气统统被打倒，若不是因为生活所迫，恐怕早已放弃了继续奔走。你是否也有过这样难熬的时刻呢？其实日子再苦再难都不可怕，可怕的是你丧失了面对生活的勇气，所以不要轻易向生活投降，坚强起来，壮大自己，只要你斗志不减，所有的困难都会统统退却。世上没有任何快车道可以让你轻轻松松到达目的地，路是靠自己闯出来的，带着坚韧一路前行，你一定能看到别样的风景。

11. 百折千回才是真人生

黄河滔滔，历经九曲方能一泻入海，山重水复是自然界的常态，平坦的康庄大道是不存在的，通幽的曲径、回环往复的羊肠小道也许才是通向目的地的道路。

人生本来就是红尘中的沧海桑田，所有坎坷曲折的经历都是生命的过程，当你遭遇挫折时不妨把它看成人生的常态，人常道人生不如意十之八九，曲折回环、百折千回才是人生的主旋律。生命的旅程不可能是一道平滑的直线，所以你要习惯其中的曲曲折折。想要轻轻松松考进重点大学，毕业后顺顺利利地找份好工作，或者刚刚创业就掘到第一桶金，都是非常不现实的想法。当别人都在泥泞的道路上奔走时，你也很难搭上快捷的直通车，即便饱尝跋涉的艰辛，也不要悲观失望、停滞不前，因为泥泞的道路上更容易留下脚印，今日的坎坷将为你未来的事业奠定更高的高度。

孟焦是一个有志向的青年，早在高中时代，他就给自己制定了详细的人生规划，立志读最好的大学，将来学以致用，成为精英中的精英。他学习十分刻苦，思维也很敏捷，可惜一直未能如愿考进自己心仪的学校。第一次高考时，他差三分就能考进目标学校，成绩公布后他没有灰心，相信再接再厉来年一定能考进理想的学校。落榜之后，他比以前更加努力地学习，每天都起早贪黑地复习，几乎达到了废寝忘食的地步，可是临近高考时，他突然患上了重感冒，结果在考场上发挥失常，他又一次与心仪的学校擦肩而过。

第三次高考孟焦的分数与目标学校的分数线差了五分，他不想再复读了，就退而求其次读了第二志愿填报的学校。孟焦毕业之后找工作也是很不顺利，小型的民营企业他看不上，知名的大公司门槛又太高，他根本进不去，所以他只能把目标锁定在中等规模的公司上。没想到面试了好几次都没有得到任何回音，他想可能是这些公司对工作经验有着硬性的要求，也可能是自己在面试时没有发挥好。

三个月的时间很快过去了，孟焦的工作还是没有着落，他感到心烦意乱，心想为什么自己的人生就这么不顺呢？考大学考了三次，最后还读了一所自己不喜欢的学校，找工作找了这么久，居然还是一无所获，难道他真像飞将军李广那样背运吗？他决定先把找工作的事情放一放，通过四处旅行来调节调节心情，于是就拿出地图来构思旅行计划。

父亲得知了儿子的想法，没有和他讲任何大道理，而是认真地问："你觉得地图上的河流都有什么特点？"孟焦不假思索地答道："都是弯弯曲曲的。""为什么是这样呢？"父亲追问道。孟焦结合地理方面的知识，对其做出了科学的解释，他说："河流走弯路，延长了流程，增大了流量，这样到了夏季多雨的时节，河流也不会水满为患。还有河流的流程拉长，每个单位的河段流量就会变少，流水对河床的冲击便会相对减弱，这样便能更好地保护河床。"

父亲肯定了儿子的解释："你说的有一定的道理，"接着他话锋一转，"但在我看来，走弯路才是自然界的常态，走直路属于非常态。河流在前进的过程中，会碰到很多障碍，有的障碍是无法逾越的，它只能绕道而行，为了避开一道道障碍，它选择了曲线行进，可无论过程有多么曲折，它最终都能抵达遥远的大海。其实人生又何尝不是如此呢？没有人能永远一帆风顺，所以你也要把曲折看成人生的一种常态，遭遇挫折不要灰心失望、轻易放弃，而要像那些河流那样无论遇到多少阻碍都不放弃自己的目标，直到抵达遥远的目的地。"

父亲的一番话使孟焦的心境豁然开朗，他放弃了外出旅行的计划，马不停蹄地跑人才市场，最后被一家商贸公司录取了。一年之后，公司组织员工旅游，在旅途中他见到了曲曲折折的河道，不禁想起了父亲说过的话。是呀，人生就像河流，曲折才是常态，无论其中有多少艰辛和坎坷，只要不言放弃，就能达成目标。

黄河滔滔，历经九曲方能一泻入海，山重水复是自然界的常态，平坦的康庄大道是不存在的，通幽的曲径、回环往复的羊肠小道也许才是通向目的地的道路。不要抱怨自己经历了多少坎坷,你所经历的其实别人也经历过,别人所经历的你却未必都经历过,你要善于去走百折千回的弯路,在求索中欣赏别样的风景,心里再苦也要坚持下去,也许走着走着,奇迹就出现了。

第四章
别让逃避毁了你的机会和前程

  生活中，我们谁也逃避不了现实，因为我们就生活在现实之中，就像鱼儿生活在水中一样。现实就像一张网，它网罗了你的一切，你的躯体必然受其束缚，即便精神暂时神游，最终也会回归现实，因为任何一个人都不可能永远沉浸在虚假的梦境中。面对危机和挫败，逃避并不能解决问题，反而会因为延误时机，给你造成更大的伤害和损失。

  其实危机并不可怕，只要你不逃避，勇于面对它，积极地思考应对的方法，制定出可行的策略，危机也能转化成机遇。挫败乃是人生常事，遇到困难不要退缩，就算失败也要败得轰轰烈烈，大不了从头再来。对待人生采取不逃避的态度，你才能更好地把握机遇，缔造自己的锦绣前程。

01. 有一种危险叫作"鸵鸟心态"

>"鸵鸟心态"比危险本身更危险，直面问题才是解除警报的唯一方案。

鸵鸟在遇到危险时，会把头埋进沙坑，以为眼睛看不到威胁，自己就安全了，这是典型的逃避心态，在心理学上被称之为"鸵鸟心态"。现代人面对压力，采取的做法并不比鸵鸟高明多少，明知问题即将发生，也不去思考对策，而是想方设法逃避现实，结果因为耽误了时机，问题变得更加难以处理，危险系数也随着问题的复杂化而大大增加。

"鸵鸟心态"在现代社会无处不在，课堂上老师提问，学生一个个噤若寒蝉，办公室里主管向下属征求意见时，职员们一个个默不作声，这些都是逃避问题的表现。青年人不愿承担家庭责任，于是成了恐婚一族，应届毕业生为了逃避就业，纷纷加入考研阵营，人们在各种压力面前，犯下了和鸵鸟一样的错误，今天眼不见心为净，明天却要为今日的逃避付出更大的代价。

徐微是一名成绩处在中游的大四学生，十多年的寒窗苦读使她对学校产生了依赖，她不想踏入社会，为了躲避就业压力，她选择了考研这条路。其实她对考研一点把握也没有，她数学学得不好，英语勉强及格，能考上研究生的几率不是很大，可比起就业的压力，考研至少可以让她暂时缓口气，第一年考不上可以第二年再考，能拖多久算多久，只要不用马上找工作就行。

第四章
别让逃避毁了你的机会和前程

徐微对父母说："现在大学每年都在扩招，就业形势非常严峻，大学生工作不好找，就算能勉强找到一份工作，也大多不理想，工资低，福利也不好。考研至少能增加自己的砝码，一些好岗位一般都对学历有着硬性的要求，研究生总比本科生有竞争力。"父母对她考研的决心表示支持。徐微开始为考研积极备战，她每天起早贪黑地啃书本，经常累得头昏脑涨，可学习却一点起色也没有。数学题总是没有思路，英语听力还是听不懂，阅读理解题看起来也非常吃力。正式开考那天，徐微由于过于紧张，发挥失常，走出考场心就冷了。分数公布出来以后，她简直失望透顶，不过一想起人才市场黑压压的人群，她打算再给自己一次机会，于是又一头扎进书本里，为来年的考研备战。

第二年考试她又考砸了，同学纷纷劝她找工作，她却坚持说："一个本科生又能找到什么好工作，不过是勉强糊口罢了，我可不想让自己的人生起点降到那么低。""现在不仅本科生在扩招，研究生也在扩招，以后研究生的数量会越来越多，竞争也会越来越激烈，就算你读完研究生，也未必能找到称心如意的工作，还不如早点步入社会积攒一些工作经验。"同学好心地劝说道。"就算研究生工作也不好找，但至少可以留校教书啊，在大学里当老师不比在社会上打工强多了。"徐微不甘心地说。"留校也不是那么容易的，不是想留下就能留下的。"徐微认为同学在泼自己冷水，便不再理会。

第三次考研，徐微还是没过关，她觉得再这样下去也不是办法，总不能像古代人考科举那样一直考到老，于是便尝试着在网上投简历找工作。两个月后她被一家房地产公司录取了，职务是文员，她对第一份工作感到很不满意，觉得做文员没有什么前途，干了没多久就辞职了，再一次回到了考研的道路上。转眼若干年过去了，她时而考研，时而找工作，每次得到一份工作，坚持不到三个月她就主动辞职了,主要是为了逃避工作的压力。

到了30岁,徐微仍没有固定的职业,而她的许多同学早已积累了丰富的工作经验,有些人还升到了高层。父母很为她着急,母亲说:"如果你实在不想工作,就成家吧,你都30岁了,成家、立业总得选一样啊。"徐微却撇撇嘴说:"我才不想结婚呢,又要还房贷,还得相夫教子,压力多大呀,做单身贵族多潇洒啊。""有些事情你总要面对,你不能逃避一辈子啊。"父亲忍不住插嘴道。"至少现在我不想考虑这些问题。"徐微不想再继续这一话题了,转身回到了自己的房间里,随手翻开一本考研书籍心不在焉地看了起来。

鸵鸟为了逃避伤害,消极地待在原地,靠屏蔽视线来欺骗自己,结果可想而知,它必然会命丧天敌之口,其实鸵鸟奔跑的速度非常快,如果它在察觉出危险时,选择逃跑而不是逃避,命运就会大不一样。我们人类也是如此,闭上眼睛躲避现实生活的种种压力,并不能使问题得到根本解决,问题一拖再拖,将朝着不利于我们的方向发展,我们的未来有可能就是这么葬送的。"鸵鸟心态"比危险本身更危险,直面问题才是解除警报的唯一方案。

02. 逃避犯错比犯错本身更糟

避免犯错本身就是更大的一种错误。

每个人都在努力避免犯错误,但避免犯错本身就是更大的一种错误。作为有血有肉有缺点的人,一生都不犯错误几乎是不可能的。年龄较小时,我们对客观世界的认识极其有限,难免出现行为

第四章
别让逃避毁了你的机会和前程

上的偏差。参加工作后，我们会因为工作方法不当、技术能力不足或者其他原因而犯下或大或小的错误。犯错不要紧，关键在于我们能从错误中学到什么，以弥补我们能力上的种种不足。而害怕犯错、逃避犯错则会扼杀我们的想象力、创造力和工作热情，使我们变得畏首畏尾，工作效率低下。

职场上，有不少人为了逃避犯错而不敢单独做决定，处理什么问题都优柔寡断，完全没有独立工作的能力。这样的人不但做不成什么大事，有时候甚至连小事也处理不好，在竞争无比激烈的现代社会，如此没有主见和胆略的人很容易被淘汰出局。

张静是一名90后女生，在大学学的是文秘专业，毕业后从事办公室内勤职务。这项工作没有什么难度，只是非常烦琐，工作内容无非是采购一些公司所需的物品、传达一些文件和上级的指示以及处理一些办公室的内务，可是就是这么一份简单的工作，张静也没有把它做好，没过试用期她就被解雇了。究其原因，主要是她太害怕犯错了，为了逃避犯错，她几乎什么问题都不能独立解决，公司觉得她不能胜任目前的职务，于是将其解聘了。

张静自进入公司以来，几乎从来没有独立解决过任何问题，大到重要文件的传达，会议时间地点的安排，小到普通办公用品的采购，她事事都要向领导请示，连买几只垃圾桶这样的小事自己也决定不了，搞得公司上下都不满意。那天，公司刚刚搬迁到新的写字楼，经理吩咐她添置一些新的垃圾桶。这本来是件没有难度的小事，但张静却把它想得异常复杂。要购买几只垃圾桶才最合适？最好选择什么价位的？旧垃圾桶怎么处理？新的垃圾桶怎么分配才能让所有人满意？张静想来想去，始终想不出最优方案，她生怕有什么疏忽，多次向经理请示，搞得经理心烦不已，最后随口便说："你自己看着办吧，旧的垃圾桶不要扔，再添置几个新的就行了。"

张静得到了确切的答复，终于把垃圾桶买来了，可最后在垃圾桶的分配上却又出了乱子。办公室里的职员大多是女孩子，谁都想要用漂亮的新垃圾桶，把旧垃圾桶分给谁谁都会不高兴，张静又一次感到犯难了。为了新旧垃圾桶分配的问题，她又一次叩开了经理办公室的大门，经理面无表情地看着她，语气不悦地对她说："我只是吩咐你买几只垃圾桶，又不是让你采购波音飞机，这么一点小事你一上午问了我四次，假如我不在，你还能办成什么事？"张静小声地说："我是为了保证万无一失，我怕犯错，觉得遵照您的指示去办心里才踏实。""我有很多工作要处理，不能每件事都能替你决定，公司把你招来是让你解决问题的，而不是让你来提问题的，通过这段时期的观察，我觉得你胜任不了现在的岗位，明天你就不用再来上班了，希望你在下一家公司能有更好的表现。"

张静含着眼泪走出了办公室，她感到十分委屈，自己明明是想把事情办好，为什么会是这个结果呢？难道考虑得周全也有错吗？张静默默地收拾东西时，同事们都用冷漠的眼光打量着她，有的还说："怎么？你栽在垃圾桶上了？"办公室里立刻迸发出了一阵哄笑。张静慌忙拿了几样私人物品，哭着跑了出去。她刚离开，同事们就七嘴八舌地议论起来。一个同事说："她这人就是喜欢小题大做，一点小事就把公司搞得鸡犬不宁，现在人走了，我们总算能安静地办公了。"另外一个同事说："我觉得她是没有主见，胆子太小，什么事情都不敢放手做，好像犯了点小错误就永世不得翻身似的，这种心态怎么可能把工作做好。"

人人都会犯错误，无论你多么小心翼翼，都不可能创下零错误率的纪录。为了避开错误而束手束脚，什么事情都办不好。小错误无伤大雅，没有必要耿耿于怀，就算犯下了比较严重的错误，也比什么都不敢独立尝试，什么都不做要好。错误本身是具有价值的，它能通过另一种方式把我们引向正确的方向，人都是在犯错中成长的，所以不要畏惧错误，出现错误后要及时汲取教训，避免在同一个地方连续摔倒两次，尽力在下一次的工作中纠正错误的方式，使事态向良性的方向发展。

03. 不怕力不从心，就怕不敢全力以赴

各行各业的佼佼者很多都不是最优秀最聪明的，不过他们绝对是对工作最投入的，全力以赴是他们拥有的共同品质。

对于爱逃避的人来说，没有什么事情是真正全力以赴去做的，包括高考、考研、工作等，无论学习还是工作，都抱着一种尽力而为的态度，而实际上却从没有尽到全力。原因是如果自己付出了百分之百的努力，结果却失败了，自信心会备受打击，倘若自己保存了一点实力，情形就完全不一样了，至少可以找一个体面的台阶下。

当有人对我们说"我这次没发挥好"，我们并不会为他难过，因为言下之意是其实力没有完全展现出来，下次还是有希望取得满意成果的。可是一旦有人表示："我已经尽到最大努力了，可还是做不好。"我们便会为他感到惋惜，因为似乎他下次也难取得突破性进展。前者是有力留三分，后者是力不从心，虽然结果同样是失败，但后者至少没有遗憾，而前者则是因为怯懦直接促成了自己的失败。

孔庆岩和何枚是同一家单位的研究员，两人也是同一批结业的

博士生，他们学的都是地质学专业，可是所从事的工作却是岩土工程、道路与铁道工程方面的研究，这就意味着很多东西他们都要从零学起。孔庆岩心想："既然选择了这份工作，就一定要全力以赴。"而何枚却自恃清高，心想："如果我把全部精力都投放到了研究上，到时候什么成果都没有，岂不是让人笑话？我可是名校毕业的博士生，决不能让人认为无能。我应该尽量放轻松些，不要表现得太卖力才好。"两种截然不同的想法，反映了完全不同的工作态度，直接体现在了他们的行为和结果上。

孔庆岩入职以后，把专业书籍当成了待开垦的土壤，像一名拓荒者一样努力啃阅翻垦，如饥似渴地阅读期刊论文等重要资料，还虚心向有经验的同事请教，不断地夯实基础。何枚却过得很悠闲，偶尔会翻翻相关资料，不愿让任何人看出自己对某些问题理解上存在困难。孔庆岩过的是家、办公室、实验室三点一线的生活，厚厚的笔记本上写满了各种专业术语，他一点一点地积累着知识，就像园丁浇灌树苗那样耐心。当得知单位和其他公司建立了铁路合作项目后，他总是主动申请和别的同事一起负责数据测量工作，在实践中消化所学的知识。而此时何枚对绝大多数项目都不是很热心，只顾埋首写论文，业余时间经常出入保龄球馆，人们丝毫看不出他有什么压力。

地质学出身的孔庆岩在给铁路测量数据时，灵活地结合了地质学、岩土及道路、铁道知识等，试图通过对不同专业知识的融会贯通，研究出降低改良层损坏、保证路基安全的方案。然而这仅仅是一个美好的构想，他的研究一直没有取得什么进展。何枚也没取得什么研究成果，看着屡次失败仍找不到出路的孔庆岩，他说："我研究不出什么成果也就算了，因为我付出的努力毕竟不如你多，你几乎付出了一切，可也不见得有什么收获，真是遗憾啊。""有什么好遗憾的,我已经尽到最大的努力了,我觉得这就足够了。"孔庆岩不以为然地说。

为了证实研究思路的可行性,孔庆岩多次带领研究团队进行实地考察,他们常背着几十公斤重的设备奔赴铁轨,为了不干扰铁路正常运转,他们不得不在夜晚工作,白天整理数据,晚上才开始测量,为了获得准确的数据,常常工作到凌晨。在证实了研究思路的可行性后,孔庆岩又开始着手实践操作的可行性研究,他决定无论是否能取得圆满成果,他都会全力以赴。

各行各业的佼佼者很多都不是最优秀、最聪明的,不过他们绝对是对工作最投入的,全力以赴是他们拥有的共同品质。凡事都想保存一点实力,不敢面对真实的自我,不敢面对失败的结果,永远都不可能成为精英。年轻的你,拥有大好的青春年华,千万不要抱着这种不良心态混日子,如果你想出类拔萃,就必须全力以赴地奋斗,不要保留一分的热度,只有这样你才能获得通往理想大厦的门票。

04. 等待会让焦虑加倍

与其寻寻觅觅,承受漫长的等待煎熬,还不如脚踏实地,选择一个合适的落脚点,步步为营地营造自己的理想乐园。

相信大家都有等待的经历,在商场购物时排队等着结账,考完试后等着老师宣布分数,面试结束后急切地等结果,试用期最后一天等着老板审判,向心仪的对象表白后等着答复……在各种各样的等待中，你的心情又如何呢？恐怕是无聊、烦闷、担心、焦虑各种滋味五味杂陈吧。等待的时间越长，你的焦虑升级得越快。那种说不清道不明的不确定性是非常折磨人的，有时你是被迫等待，在这种情况下除了调整心态之外，恐怕没有什么更好的应对措施。可有时你会因为各种目的人为地延长等待时间，比如找工作时高不成低不就，就要面临漫长的就业等待。你让自己等得越久，心态便会越差，焦虑成倍增长，焦虑到一定程度你有可能饥不择食，选择更低的起点，这对你日后的发展显然是非常不利的。

作为刚毕业不久的学生，你必须对就业行情和自身条件有一个更为客观的了解，不要在自己没有任何资本的情况下好高骛远，而要结合自身的情况去选择相对合适的岗位，别让自己等太久，这样做既不利于你的身心健康，也无益于你的职业发展。

庄明是英文专业的应届毕业生，他的英语学得非常好，在校时顺利地通过了英语专业八级的考试，他原以为有了这样一纸光鲜的证书，不愁找不到好工作。可他一连投了几十份简历，也没有找到满意的工作。

期间有三家公司通知他面试，第一家是一家房地产公司，有些文案需要翻译成英文，所以公司考虑录用他。庄明不记得自己投过简历给这家公司，应聘方说他是在人才网站上看到庄明的简历的，觉得庄明比较符合公司的要求，所以就打电话请他来面试了。庄明心想，自己是英语专业八级的水平，只翻译一些词组和句子，简直就是大材小用，于是不假思索地拒绝了那家公司。

第二家公司是一所英语培训机构，公司要求应聘者不但要有良好的英文听说读写能力，而且还要懂得教学技巧。庄明对自己的英文水平很自信，可他从来没有教学的经历，根本不知道从何入手。面试官要求和他扮演师生的角色，要求他现场给自己讲课，庄明完全没有准备,说得一塌糊涂,结果他没能应聘成功。

第三家公司是一家旅行社,庄明想从事的是翻译英文资料的工作,应聘方却说这个职位目前满员,公司现在缺的是导游,问他是否感兴趣。庄明忙说自己没有导游证,应聘方说导游证可以以后再考,他可以从提供后勤服务做起。庄明马上觉得话不投机,意兴阑珊地走出了办公大楼。

接下来的日子里,庄明陆陆续续地面试了几份工作,却找不到一份合意的,他心态越来越烦躁,在长期待业的过程中,他渐渐迷失了自己,开始借酒消愁。他的同学大都找到了工作,不少人干脆降格做了幼儿园的英语老师。他不愿拉低自己,总希望能得到更好的机会。转眼三个月过去了,他越发感到焦虑,心头好像压了一块沉重的大石头,心情越发阴郁。他最怕别人和他谈工作的事情,每次有人问他从事什么工作,他都会想方设法转移话题,和同学碰面他只爱聊一些怀旧的话题,以此怀念美好的校园时光。

有一次他的一个同学不小心说到了工作的话题,并暗示他不要再逃避下去了,马上找份工作去做。他当场大发雷霆,还摔碎了一只杯子,同学吓得当场怔住了,吃惊地说:"没想到你脾气居然这么火爆。"庄明不知道自己怎么了,个性开朗的他突然变得孤僻起来,火气也变大了,每天他都感到焦虑不安,眼神变得越来越空洞,他觉得如果再找不到合意的工作,几乎就要精神崩溃了。

大学生在初入社会时,要让自己迅速适应角色的转换,不要再以高才生自居,毕竟在校时学到的知识都属于理论范畴,与企业的实际要求是严重脱节的,在这种情况下想要找到称心如意的理想工作难度是非常大的,面对问题,不要选择逃避,长期待业只会加重自己的心理负担。与其寻寻觅觅,承受漫长的等待煎熬,还不如脚踏实地,选择一个合适的落脚点,步步为营地营造自己的理想乐园。

05. 无所事事的代价就是做温水里的青蛙

> 今天你逃避工作，明天你可能一直为找工作奔忙。

有人说一个人如果失业三个月，就已经与社会严重脱节了，失业一年就成了滞销的劣质品，需要回炉再造才能重返职场。这种说法其实一点都不夸张，失业就意味着无所事事，别人都在奋力奔跑时，你却选择了停留在原点，社会在不断向前发展，谁都不可能以静制动，人的能力也如逆水行舟，不进则退，长期画地为牢是十分危险的。

也许你手头上还有一点积蓄，不急于为明天的面包疲于奔命，也许你想继续养精蓄锐，边查看求职信息边享受生活，也许你觉得目前的状态并没有什么不好，工作之后要起早贪黑，日子过得还不如现在惬意。如果你怀有上述想法就大错特错了，工作是人生中的重要内容，你逃得了一时却逃不了一世，追求安逸，躲避压力，会让你变成温水里的青蛙，等到你察觉危险的来临，已经失去自救能力了。

吴帆刚参加工作那年，正赶上全球经济危机，他所在的公司是一家出口加工型企业，受到了经济危机的波及。因为行业不景气，公司不得不采取缩小规模和裁员等一系列措施，吴帆就是在那场裁员风暴中失去工作的。离职之后，他并不急于找工作，心想反正工作也不是能在短期内找到的，干脆给自己放个假吧，以后工作了还哪有时间享受人生呢。从此他每天睡到自然醒，悠哉乐哉地过着

第四章
别让逃避毁了你的机会和前程

"休假"的好日子。他查看了一下银行卡里的余额,足够他花半年的,心里就更踏实了。

吴帆发现同龄的失业者几乎都在为找下一份工作无休止地奔波,有的人还说即使跑断腿也要马上找份工作。吴帆觉得他们完全没有必要那么紧张,他不止一次用戏谑的口吻劝说别人:"那么急干什么?面包会有的,牛奶会有的,房子也会有的。"但很少有人同意他的这番论断,有人还说:"你坐在家里,什么事情也不做,难道天上真的会掉馅饼?""天上不掉馅饼也没关系,至少你现在又没弹尽粮绝。"吴帆又说。"真到了弹尽粮绝的时候,你后悔也晚了。"吴帆听不进别人的劝,继续自得其乐地享受闲暇时光。

三个月很快过去了,不少和吴帆同命相连的人已经找到了新工作,他还是没有找工作的打算,大多数时间都浪费在打游戏上了。只要有人催促他找工作,他就会辩解说:"别把我想得那么自甘堕落,玩游戏也是能玩出名堂的,你没听说过职业玩家这个职业吗?待遇要比一般的职业要好,现在我正朝着这个方向努力。"同学毫不客气地说:"你还是早点醒醒吧,你的水平离职业玩家差远了,快点找份正式工作吧,你想拖到什么时候呢?""总之不会拖到世界末日。"吴帆依旧开着不痛不痒的玩笑。

五个月的时间弹指一挥间过去了,吴帆所剩的积蓄已经不多了,他这才开始不慌不忙地投简历、跑人才市场,可是狼狈地奔走了一个月,他还是没有找到一份稳定的工作。最后他真的到了弹尽粮绝的地步,连吃饭的钱都没有了,他不好意思向同学借钱,因为之前他发表了很多潇洒的言论,如今到了这步田地,一定会被耻笑的。

被逼无奈之下,他只好打电话让家里汇钱,家里很慷慨地给了他一笔钱,有了存款之后他并没有汲取之前的教训,而是又给自己放了一次长假。一年时间很快过去了,他好不容易得到了几次试用的机会,可是因为长期失业,他对业务早已生疏了,工作起来笨手笨脚的,甚至连应届毕业生都不如,他没有通过试用期,失业的日子似乎被无限延长了。

不要以为现在自己还年轻,就有耗不完的时光,人生苦短,青春更是短暂,如果你不把握时间,就会被时间抛弃,无所事事的代价是沉重的,它会让你变得懒散和浑浑噩噩,一旦你的躯体被惰性基因所掌控,就有可能前途尽毁。今天你逃避工作,明天你可能一直为找工作奔忙,贪图一时的安逸舒适,有可能让自己的后半生都在辛苦中度过。因此你一定要告诫自己不能预支明天的幸福,该奋斗的年纪一定要努力奋斗,唯有如此你才能拥有无悔的人生。

06. 遇事知难而退,永远越不过眼前的"火焰山"

> 如果你一旦发现问题就选择知难而退,那么就会处处受阻。

很多年轻人在工作中遇到问题,首先想到的不是该怎么解决,而是如何逃避,比如对目前的工作环境不适应,便用跳槽来回避问题,仿佛只要换了家公司,自己就能时来运转,一切都会大不相同。人际关系紧张、上升渠道狭窄、工作条件差、环境艰苦等问题,并不是某一家企业所独有的,从一家公司抽身,再进入别家公司,眼前还是有许多过不去的"火焰山",如果你一旦发现问题就选择知难而退,那么就会处处受阻。与其频繁换工作,还不如留下来解决问题。

第四章
别让逃避毁了你的机会和前程

蒋梦刚刚工作时，热情饱满，信心十足，谁知刚上班没几天，她便变得无精打采了，还常常跟朋友抱怨，说办公室里气氛怪异，她一天都不想在那里多待了。每天走到办公大楼前，她都感到步伐沉重，有一种想逃离的冲动。走进公司，没有一个人主动跟她打招呼，脸上的表情都无比冰冷。有一次她刚刚来到办公室，就发现同事们在说笑，可看见她之后所有人都马上闭了嘴，说到一半的话题莫名戛然而止，她便开始怀疑同事们是在说她坏话，心里感觉很不痛快。

大部分时间，同事都把蒋梦当成透明人看待，有什么事都不叫她，每天吃午餐时她都是一个人安安静静地待在不起眼的角落里，而其他同事则三三两两地聚在一起，高高兴兴地谈笑风生。蒋梦感觉自己被所有人排斥在外，十分孤单，所以迫切地想换个环境。工作不足一星期，她就主动辞职了。

一个月后，她又得到了一份新工作，工作环境与之前大不相同，但奇怪的是这里的同事也不怎么喜欢她，对她总是冷冷淡淡的，大多数人都对她视而不见，这让她非常困惑。当她再次向朋友抱怨职场上人与人的关系是如何疏离和冷漠时，朋友说："问题会不会出在你自己身上？""怎么会是我的问题呢？"蒋梦不服气地说。"可能是你没有主动融入新环境。"朋友分析道。蒋梦回顾了一下自己的职场经历，觉得朋友的话也有几分道理，她不打算再跳槽了，而是决定留下来适应环境，在目前的公司建立起融洽的人际关系。

跳槽在当今社会是一个司空见惯的现象，不少人跳槽不是为了获得更好的发展，而是为了逃避某些问题。而实际上，盲目地跳槽并不能让人摆脱困境，之前遗留的问题仍是存在的，在这种情况下，跳槽是完全没有意义的。有些人跳槽是为了摆脱糟糕的环境，可跳来跳去都没有找到一个理想的工作环境，其主要原因是自身实力不够，选择余地太少。这样永无止境地跳下去根本不可能扭转命运，唯有不断加重自身的砝码，增强自己的核心竞争力，才能为自己赢得更好的发展平台。

韩磊大学主修的是机械专业，毕业当年就找到了对口的工作，主要负责机械安装。工作了一段时间，他就厌倦了风吹日晒、四处奔波的日子，认定目前的工作不是自己想要的，于是果断辞去了职务。

韩磊心想自己是堂堂重点大学培养出来的好学生，理应得到一份舒适、光鲜的工作，最好是坐在高级写字楼里办公，不用到外面奔波，于是应聘到一家设计类的公司担任行政助理。没过多久，他又厌倦了这份工作，所谓的"行政助理"，工作的主要内容无非是接电话、打字、复印资料，没有一点发展空间，工资还不如上一份工作高，这份工作韩磊只坚持了四个月就辞职了。

韩磊的第三份工作是销售代表，他觉得这份工作也没有什么意思，底薪不高，工资主要靠提成拉动，还要经常看客户脸色，他只坚持了三个月，又从岗位上退了下来。随后，他尝试过各种工作，不是嫌工资低，就是嫌没有发展前途，他不明白为什么找一份合适的工作就那么难呢？更让他困惑的是，他的许多同窗都已经小有成就，有个同学对他说："你最大的问题就是做事不能坚持，总是退缩。你遇到的情况我基本也遇到过，可我不像你，一旦感觉不如意就换工作。感觉很苦很累的时候，我对自己说一定要坚持下来，哪份工作不辛苦呢？薪水低的时候，我告诫自己要迅速提升自身的能力，等本领强大了待遇自然会提高的。"

在职场上，有很多像韩磊一样的人，不懂得反思自己，对工作稍有不满就辞职，如此下去不但不利于积累经验，增加自己的技术含金量，还有可能使自己的能力出现倒退，其竞争力有的还比不上应届毕业生。因此在初涉职场的前几年,无论你的处境有多么艰难,都不要选择退缩和逃避,不要误以为换份工作所有的问题都能自动解决,事实上你在一家公司跨不过的"火焰山",到了另一家公司还是跨不过去,反之如果你在原公司事事都能处理得游刃有余,那么在其他公司也会一样。因此不要去充当逃跑一族,镇守原地更有助于你提升自己。

07. 奋斗者的字典里没有"退路"

在奋斗者的字典里不该有"退路",因为退路有时会断送出路,瓦解我们的士气,泯灭我们的激情,使我们一事无成。

德国财经作家博多·费舍尔说:"一个奋斗者不需要退路,他必须排除万难争取胜利。"这是一则经验之谈。人在没有退路时,往往能置之死地而后生,但为了获得足够的安全感,我们都希望给自己留条进可攻、退可守的后路,因此我们常常被岔路口的红灯挡住,错过了改变命运的机会。求职时,并不把工作当成唯一的出路,考研和找工作并驾齐驱,互为后路,考不上研究生就找份工作,工作找不到就读研,这样压力就会减半。可结果却可能是研究生没有考上,工作也没有找到,两手都要抓,未必两手都很硬,结果两手空空也很正常。

如果拿不出破釜沉舟的勇气,你就没有一鼓作气、不达目的不罢休的劲头,左右摇摆不定,注意力过于分散,想要达成目的几乎是不可能的。在奋斗者的字典里不该有"退路",因为退路有时会断送出路，瓦解我们的士气，泯灭我们的激情，使我们一事无成。只有断绝逃亡的通道，我们才能义无反顾地迎接挑战，并取得最后的胜利。

有一个叫赵福田的工人，所在的工厂效益不断下滑，眼看就要难以维持经营了。厂里人心惶惶，下岗的阴云密布在每个人的头上，可大多数人都在观望，他们希望工厂能否极泰来、扭亏为盈，总之只要工厂一天不倒闭，他们就不打算离开。赵福田经过一番深思熟虑，决定辞职，工厂里的小孙劝他要慎重考虑："你不要那么冲动，也许工厂还能出现转机，等等再说吧。凡事得给自己留条退路，万一你找不到工作该怎么办？我现在有两手准备，下了班就帮人修自行车、修伞、修鞋，赚些小钱，如果工厂破产倒闭了，我就去做修理工，如果工厂不倒闭，那就把修理当成兼职，这样就不用愁没收入了。"

赵福田不同意小孙的做法："人这辈子总得拼一次，总给自己留后路，什么也做不成。我想好了，辞职之后去做生意，不给自己留一点退路，我倒是要看看自己有多大生存能力。"辞职之后，赵福田得到了一次性的工龄补贴，他把这笔钱和多年的积蓄全部投到了生意上，开起了一家小型餐馆。他厨艺不错，待人又十分周道热情，大多数菜品都物美价廉，餐馆一开张就吸引了附近的不少顾客。赵福田做生意讲究诚信，从不欺骗顾客，每道菜肴采用的都是新鲜食材，价格也十分实惠公道，他的餐馆很快在顾客群中建立了良好的口碑，光顾这里的人越来越多。

赵福田的生意越来越兴隆，后来他又在别的路段开设了分店。一年之后，他原来工作过的工厂倒闭了，那些观望的员工都成了失业者。有一天，赵福田碰到了小孙，当时小孙正在修理一辆破旧的自行车，手上沾满了油污。小孙说做低级修理工收入太少了，他现在又有了两手准备，边做修理工边利用其他时间学修电脑的技术，假如学不成就继续修自行车和鞋子，学成了就换工作。赵福田说："修电脑可是个技术活，你只有一心一意去学，切断所有后路才有可能学成，依你现在的状态恐怕是没希望掌握这项技术的。"小孙说："我就是因为担心自己学不成，才给自己备条后路，没有退路，我心里不踏实。"赵福田没有说服小孙，只能任由他在自己设定的后路上越走越远。

两年后，赵福田扩大了经营，餐馆的规模和服务都提升了档次，盈利能力也更强了；小孙还是守着自己的修理摊，时不时地学修电脑，他的口头禅还是"我有两手准备"，可是再多的准备也没能使他的生活出现多大改善，这让他非常苦恼。

在做任何事情之前，千万不要千方百计地为自己留退路，因为那样做就等于允许自己为逃跑做准备，在这个过程中你的才华、能力和信心将被一点一点磨蚀掉。只有把自己逼到无路可退时，你才断绝了当逃兵的想法，逼迫自己一路向前，永远向着不变的目标挺进，直到大功告成，成功抵达目的地。

08. 勇敢踏出第一步，你的人生才有逆转的可能

> 不要担心自己会马失前蹄，勇敢地闯出第一步，大胆地突破自己，无论结果如何，都是一个崭新的开始。

俗话说，"万丈高楼平地起"，凡事都有第一步。然而万事开头难，人生的许多个第一次都是在忐忑不安中度过的。学写第一个字是最吃力的，第一次举手发言，心里是胆怯的，第一次面试是最紧张的，第一次为自己争取机会，压力是最大的。因此人们害怕迈出第一步，担心把事情搞砸，担心结果不理想，宁愿站在起跑线上观望，可没有开端自然不会有结果，逃避第一次，永远不能逆转人生，为自己闯出一番天地。

对于各种第一次，过程比结果更为重要，努力迈出第一步，纵使失败，也能为未来的行动提供支点。事实上，闯过了第一关，你已经战胜了自己的优柔寡断和怯懦，克服了最大的障碍，余下的路必然畅通许多。人生之路是探索出来的，没有人生来就知道怎么走，上下求索是一个必然的过程，不要担心自己会马失前蹄，勇敢地闯出第一步，大胆地突破自己，无论结果如何，都是一个崭新的开始。

柳月是个羞怯的女孩，从来都没有在课堂上发过言，每次老师提问，她都暗暗在心里作答，看到别的同学踊跃发言，她感到十分羡慕。为什么自己就没有勇气主动回答问题呢？她觉得自己太胆小了，这样下去恐怕将来什么事情也做不成。有一天，她终于下定决

第四章
别让逃避毁了你的机会和前程

心要突破自己，酝酿了一番情绪后，她准备在语文课上主动举手发言。

老师讲完课文后，开始提问题，同学们纷纷举起手来，柳月的心里早已有了答案，可是不知为什么，她觉得自己的手仿佛有千斤重，她刚刚吃力地抬了抬胳膊，就赶忙把手缩了回来，她担心自己说错话，在老师和同学面前丢脸。正当她退缩的时候，老师却将她所有的动作看在了眼里："柳月同学，请你回答我刚才提出的问题。""我？"柳月结结巴巴地说，"我还没有准备好。"

"不要紧的，你能鼓起勇气发言，已经是很大的进步了，这是你第一次在课堂上举手。"老师和蔼地说，然后又把目光投向全体同学，"同学们，大家给她鼓鼓掌，为她加油好不好？""好！"教室里立即响起了一片热烈的掌声。柳月受到了很大的鼓舞，终于勇敢地站起来，用响亮的声音回答完了问题，虽然她紧张得声音发颤，但答案却是正确的。老师高兴地点了点头，她如释重负地坐了下来，心里感到十分欢喜，她终于做到了，第一次的感觉也不是那么糟糕，其实也不像她想象得那么难。

有了这样的经历，柳月再也不怕当众发言了，后来她还参加了演讲比赛，长大以后她经历了人生无数个第一次，每个第一次都是令人难忘的，那是她不断突破自己、面向新生活的见证。回想起当年那个在课堂上把手举起来又放下的小姑娘，她感到十分欣慰，如果那次她突破不了自己的心理障碍，或许永远都没有机会走向幕前，那么她的人生前景将是一片黯淡。在老师的鼓励下，她把握了那次机会，克服了自己胆怯的性格，改写了自己的命运密码。

敢于迈出第一步的人，才能掌握命运的主动权，不要在人生的关键时刻踯躅不前，勇敢地跨越那条并不存在的界限，你就能实现自己的诺曼底登陆，为未来的发展赢得有利的契机。机遇总是青睐有准备的人，它不是凭空等来的，而是靠你自己努力争取来的，如果你想把心中的渴望转化成美好的现实，必须果断地踏出第一步，及时地采取必要的行动。

刘畅是一家工厂的流水线工人，他厌倦了按部就班的流水作业，很想改变现状。由于家庭发生变故，他没能读完大学，没有文凭他很难找到更有技术含量的工作，做工人只是一种迫于无奈的选择。他觉得和其他流水线工人相比，他还是有很多优势的，比如他懂电脑，又写得一手好字，知识储备量也比厂里的其他同事多。当听说厂里办公室招了一名中专生后，他也开始蠢蠢欲动，决定主动向领导要求调换工作，把他从车间调到办公室。

工人们平时都被束缚在自己的岗位上，刘畅从来没有主动和领导交谈过，第一次找领导沟通他根本就不知道该怎样开口。他认真地写了一封自荐书，把它交给了人事部经理。送上自荐书后他转身就想离开，人事部经理把他叫住了："你把里面的内容大致和我说一下吧，我这些日子挺忙的，可能没有时间去看你的长篇大论。"刘畅这才后悔自己写了好几页纸，心想早知如此还不如做个表格式简历呢。他介绍自己时非常紧张，手上沁出了汗水，额头上也冒出了不少汗珠。人事部经理见状，问道："你是第一次向别人做自我介绍吧？"刘畅用力地点点头，当初应聘流水线工人时，根本就不用介绍自己，工厂主管看了他一眼，大致地说了一下厂里的情况，就让他上岗了。

"这样吧，你到办公室里现场操作一下办公软件，如果你能处理得得心应手，我会考虑你的请求的。"人事部经理最后说。刘畅跟着他来到了办公室，当场熟练地操作起办公软件来，人事部经理对他的表现还算满意，就对他说："下个星期一，你就可以到办公室来上班了，现在厂里急缺办公人员，以后你就好好表现吧。"就这样刘畅如愿从车间调到了办公室，工作较以前轻松了许多，工资还涨了好几百元。

无论你想达成怎样的目标，都必须勇敢地迈出第一步，只有把目标落实到具体的行动上，划下一个良好的起点，你才能叩开机遇的大门，为明天开拓出一片理想的蓝图。

09. 用心倾听内心的声音，不要回避真实的自己

> 无论你的工作有多么体面，你的生活有多么光鲜，如果这些不是你真正想要的，你所有的努力都将失去意义。

你的脑海里是否总回响着一个恼人的声音，无时无刻不在提醒你，目前的工作并不是你想要做的，你得到的一切也不是你真正想拥有的，你倾尽了心血达成的目标根本不是你想追寻的。虽然有很多人认同你，羡慕你，但你却丝毫感觉不到快乐。这是为什么呢？答案很简单，你在逃避真实的自己，把自己塑造成了符合别人意愿的虚幻偶像，所以你活得很分裂，很纠结，即便拥有了一切，内心却仍是一片贫瘠的荒漠。

社会的浮躁气息会感染到每一个人，在大环境的影响下，不知不觉地，你会忘记最初的自己，迷失在物质的海洋里，把穿高级套装、出入高档写字楼、喝进口咖啡、享受小资生活当成成功的全部象征，做着自己并不想做的工作，说着自己并不想说的话，为了自己并不那么渴望的"幸福"而打拼着，结果是你越是努力地向"幸福"靠近，离真实的幸福便会越远。

约翰是一家大型制造企业的仓库管理员，待遇非常好，除了不菲的薪水外，奖金也十分可观，同学都说他交了好运，能得到这么一份稳定又有前途的工作，女友也很为他自豪，可不知为什么他总有一种失落的感觉。每天对着那些出库入库的单据，他的头就开始痛，月末盘点货物时，他的心情更差。这份工作乏味得让他不堪忍受，他真不明白自己当初为什么要选择这份工作。

有一天下班回家，约翰像往常一样收听体育频道的栏目，他听到有个热心观众用遗憾的口吻说："我觉得约翰的解说很有特色，可惜我们再也听不到他的声音了。"约翰猛然一震，他没想到自己离开广播电台整整一年了，还有听众会记得他，这点着实让他有点感动。回忆起往昔的岁月，他的心情变得复杂起来。那时的他不过是个初出茅庐的大学生，因为爱好体育，就找了一份解说体育运动栏目的工作，他做得很开心，很多听众也都认可了他，但那份工作的工资实在低得离谱，他身边所有人都认为不该把它当成长期职业。他本人也动摇了，辞去了电台广播工作，找了一份更体面的工作，在知名大企业里担任仓库保管员。

约翰的新工作使他的生活变得宽裕起来，第一次拿到工资，他就给女友买了一份很贵的礼物，还给自己买了一双昂贵的新皮鞋。工作三个月后，约翰搬进了更宽敞更漂亮的公寓，他又购置了一只新沙发，并添置了许多其他物品。下班之后，约翰觉得生活无比惬意，上班却成了一种煎熬，起初他还能欺骗自己说："没关系，所有的工作都一样，它们都不过是换取优越生活的工具，我对目前的工作很满意，我没有理由放弃它，多少人都想抢到这个职位，可惜他们没有那样的好运。"后来约翰发现自欺欺人的招数不灵验了，他感到非常痛苦。女友发现了他的异常，关心地问："约翰，你病了吗？你的脸色非常差。"

约翰不知道该向女友怎样解释，只是支吾着说："我很好。"女友不信，非要他告诉自己发生了什么事。约翰只好把自己的矛盾心情说给了女友听。女友说："约翰，你不能逃避真实的自己，如果目前的生活不是你想要的，你就应该想办法改变，不要再自我欺骗下去了，否则你会后悔的。"约翰在女友的支持下，辞去了仓库管理员的工作，他又回到了广播电台，继续解说体育栏目。虽然他的薪水大不如从前了，可较之自己第一次做这份工作时已经有了较大的涨幅，从此他过上了充实而快乐的生活。

你想拥有什么样的人生，只有你自己最清楚，如果你不能诚实地对待自己，回避自己内心的声音，你的快乐之树就会枯萎。无论你的工作有多么体面，你的生活有多么光鲜，如果这些不是你真正想要的，你所有的努力都将失去意义，因为你得到的幸福不过是脆弱的泡沫，破灭之后什么都不会留下。如果你想要让自己的人生少一些遗憾，就必须学会倾听自己内心真实的声音，追求自己想追求的，收获自己想收获的，唯有如此，你才能邂逅幸福，得到真正的快乐。

10. 总想逃避现实，就会被现实淘汰

无论如何，现实就像空气一样包围着我们，我们逃不开、躲不掉，因为我们就生存在这样一个现实的空间里。

有时候，现实是冰冷和残酷的，它会击碎人们美好的幻想，让人产生一种无可奈何的无力感。从校园到社会，人会慢慢变得现实

起来，可能变得更强大，也可能变得更俗气。无论如何，现实就像空气一样包围着我们，我们逃不开、躲不掉，因为我们就生存在这样一个现实的空间里，无论我们喜欢还是不喜欢，这都是一个铁一般的事实。

初入社会，很多人会对周围的现实世界感到很排斥，讨厌微妙复杂的人际关系，讨厌一成不变的刻板生活，讨厌加班加点地工作，甚至讨厌眼前的一切……于是就想找一个逃避现实的避风港，从虚拟世界和幻想里获得慰藉。厌倦了打工仔的角色，就在网络游戏里经营餐厅和超市；向往田园生活，就开辟虚拟农场，时不时给农田浇水施肥，还可以不劳而获，到好友的田地里偷菜；更有甚者，在各类虚拟角色中找到了自我，愿意花大价钱升级装备，把虚拟世界的战果看得比真实世界的工作成绩还重要。我们不否认，适度进入虚拟世界有助于减压，可过分沉溺其中，就会严重影响正常的工作和生活，若不能及时悬崖勒马，很可能把自己的大好前程毁掉。

郑玲是一名成绩优异的硕士生，拿到硕士文凭后她本以为能找到一份和自己学历相适应的工作，没想到求职接连受挫，最后她只好退而求其次，做了一名行政助理，这样的工作多是本科生和大专生在做，她自入职的第一天起，就大有怀才不遇之感。更让她烦心的是，职场环境和校园环境完全不一样，在学校里，大家都比较年轻、单纯，自己就算说错了什么、做错了什么，也能获得他人的谅解。职场却完全不同，一不小心说错了话，就可能会遭到他人的记恨。这真让她难以理解。

郑玲刚入职时，不知道该如何称呼同事，因为称呼不当她不小心得罪了一名资深的老员工。那名老员工是一位四十多岁的大龄女性，一点不显老态，打扮得还很时髦，郑玲心想也许她不喜欢别人

第四章
别让逃避毁了你的机会和前程

把自己叫老,于是就没有称呼她为阿姨,而是管她叫姐,谁知那名老员工气得脸色都变了:"你们现在的年轻人究竟是怎么回事?一点都不知道尊重人。我比你大二十多岁,你好歹也该管我叫声阿姨吧,怎么能管我叫姐呢?我和你是一代人吗?"郑玲被她的态度吓到了,赶忙改口叫她阿姨,可那名老员工还是不依不饶,在以后相处的日子里经常给她难堪。

郑玲在办公室的日子很不好过,每天下班她都感觉自己像解放了的奴隶一般自由。不知不觉地,她迷上了网络游戏,每天在网上不是开餐厅就是偷菜,她经常幻想着自己有一座农场和一家餐厅,兼农场主与餐厅老板的身份于一身,再也不用受任何人的闲气。想着想着,她就心情大好,时间一个小时一个小时过去了,她却浑然不觉,凌晨两点还在偷菜。第二天,她睡眼惺忪地上班,工作频频出现失误,行政助理是一份很细致的工作,稍有不慎就可能出差错,由于睡眠不足,她实在精力不济,把工作搞得一团糟。当天,她被主管狠狠地训斥了一顿,当月的奖金也被扣发了。郑玲很是郁闷,索性辞职不干了。

郑玲的第二份工作几乎让所有的同窗好友大跌眼镜,她选择了到餐厅当服务员。以前好友总批评她眼光高,找工作不切实际,现在又觉得她实际得过了头。因为过度沉迷于开餐厅的游戏,郑玲总是幻想着到餐馆工作,在虚拟世界里她是餐厅老板,在现实世界里她只是个失业者,根本没有资金开餐厅。思来想去,她决定去当服务员,大不了把自己幻想成老板,餐厅的环境是她所向往的,她觉得在那里工作自己会很开心。

就这样一个硕士生变成了一名服务员,当有人支持她的做法,用职业无贵贱来为她辩驳时,她说自己只是想把网络上的虚拟餐厅搬到现实生活中来,没有其他想法。她的回答让人觉得不可理解,她的这种想法也给自己招来了麻烦，由于搞不清楚自己的身份，她经常命令其他服务员做事，俨然一副餐厅老板的口吻，受到了集体的抵制，最后她失去了服务员的工作，才彻底清醒过来。

  对现实感到不满，或者对未来感到悲观的人，总是想尽力逃离压抑的现实，庞大的虚拟世界便成了他们的精神家园，可是逃避并不能改变自身的处境，过度沉迷网络只不过是徒然浪费时间和精力，只有睁开双眼，勇敢地面对苍白的现实世界，才有可能改变现状，让自己的生命变得丰盈和缤纷起来。

第五章
青春因梦想而闪亮

有人说青春是迷茫的，有人说青春是任性的，还有人说青春是闪亮的，因为有梦想。有了梦想，青春才不会衰老，有了梦想，青春才有了底色。梦想是美好的，它是心底最美的愿望，所以美梦成真才成了我们最长久的信仰。为了实现梦想，我们用信念点燃火把，用辛勤开辟道路，用汗水勾画蓝图，用拼搏筑造城堡。但罗马的建成非一日之功，我们不可能在短时期内把梦想变成现实。

有时也许我们会觉得梦想和现实之间的距离有如海天般遥远，在追逐梦想的过程中，我们付出了很多心血，然而我们的能力仍达不到预期，失望、灰心、迷惘各种负面情绪接踵而至，我们甚至会怀疑自己是否有实力实现自己的梦想。实现梦想当然不会那么容易，非凡的旅程通常都不是轻松的，它不仅需要你注入激情，还需要你有百折不回的气概和坚毅的品格，同时还要求你一步一个脚印地践行自己的规划，这个过程漫长而艰辛，但只要你坚持下来，就能触摸到梦想的样子。

01. 梦想是最好的信仰

> 生命有了梦想的滋润才能绽放瑰丽的色彩，没有梦想的青春是乏味的，没有梦想的人生是不堪想象的。

每个人都曾有过梦想，孩提时人们的梦想既天真又宏大，有的想当科学家，有的想当宇航员，有的想当艺术家，有的想漫游星际；青春年少时，人们的梦想仍没有脱离梦幻色彩，不过已然有了和现实接壤的趋势，有的想当设计师，有的想当空军，有的想当高级白领，有的想满世界流浪；长大成人后，有的人坚守着自己的梦想，努力把它变成现实，有的人把梦想埋在心底，选择了和自己的志向完全不同的生活。

梦想是我们值得为之奋斗一生的信仰，在别人看来或许它是不可能实现的，有人甚至对它嗤之以鼻，认为它是你痴心妄想的产物，而你可能继续执着地追寻最初的梦想，也可能选择放弃，之后随波逐流地度过一生。然而生命有了梦想的滋润才能绽放瑰丽的色彩，没有梦想的青春是乏味的，没有梦想的人生是不堪想象的。所以无论实现梦想的过程有多么艰难，都不要轻易放弃自己的梦想。

王帅从小就迷恋街上各式各样的建筑，无论是古色古香的老宅还是现代化气息浓郁的高楼大厦他都喜欢，他常常在本子上写写画画，把自己看到的建筑用简洁的线条勾勒出来，然后配上简短的文字。家人见他如此喜爱建筑，便鼓励他报考建筑系。由于理科功底很好，王帅如愿考上了重点大学的建筑系。

第五章
青春因梦想而闪亮

大学的学习生活和王帅想象得很不一样,他原以为钻研自己喜欢的专业会是非常有趣的事,没想到事实并非如此,他学得很吃力,而且对学校环境很不适应。在读大学以前,王帅从来不喜欢阅读,对基本的建筑学知识所知甚少,他以为建筑学科仅仅是构想设计方案和计算一些公式而已,而实际上这门学科包含着更多的学问。为了弥补自己认识上的不足,他每个月都会花好几百元购买专业书籍,每天要坚持读到半夜才肯睡觉。

王帅并不知道自己能不能实现成为一名优秀建筑师的梦想,但他知道他热爱这个行业,无论如何,都要尽最大的努力把基础知识学好。他知道当建筑师,首要的条件是要有过人的精力,所以在大学期间就为自己制订了高强度的学习计划,大四那年,他开始忙于毕业设计,整整两个星期通宵达旦地画设计图,每天凌晨两点才开始睡下,早晨七点又开始投入战斗中了。

工作之后王帅接手的第一个项目是某二线城市的一个博物馆,客户方要求他设计出一座还原汉朝风格的建筑。王帅心想现代人按照自己的意愿随意仿制古建筑,完工之后很可能不伦不类,而且一般公众不具备对古建筑的鉴赏能力,未必会喜欢汉朝风格的建筑物。他觉得现代博物馆应该设计得足够现代,于是费尽心思地说服客户方改变想法,好不容易才说服了对方,设计出了一套符合现代审美的建筑方案。

王帅的大学同学有一些改了行,有的下海经商,成了小有成就的老板,有的成了高级商务人士,年薪高达20万元,王帅却从来没有想过放弃建筑师这个职业,尽管他的收入水平不及某些同学,而且工作非常辛苦,可是他认为自己是为梦想而奋斗的,他现在所有的努力都符合对未来的期待,所以一切都是值得的。建筑师这个行业,表面听起来挺高大上的,其实鲜有人知道做这一行背后的艰辛，为了完成手头的项目，王帅要连续好几个月加班加点地工作，最辛苦的阶段简直就像炼狱，可王帅从没有为自己的选择后悔过。

和朋友谈及梦想时，王帅说自己的理想是成为优秀的设计师，不过优秀不是指所谓的功成名就，国内建筑师的圈子很小，想获得名气并不难，但要设计出一流的作品却没有那么容易，他会继续为了自己的梦想而努力的。

梦想是最好的信仰，有梦想谁都了不起，拥抱你的梦想，你便有了乘风破浪的勇气，践行你的梦想，你的青春便有了不一样的颜色。人生最曼妙的风景莫过于追梦的色彩，最动人的波澜莫过于为梦想而澎湃的激情。梦想让你成就自己，让它为你引航，你才能拥有别样的人生，活出自己的风采。

02. 当理想照进现实，别轻易倒下

> 有时候理想成为空想，并不是因为它离我们太遥远，而是因为我们停下了追逐的脚步。

现在的年轻人多是独生子女，在比较优越的环境中长大，择业观带有明显的理想主义色彩，把兴趣、自由、个人价值、上升空间、企业文化等作为选择职业的主要考虑因素，奉行"理想至上"的价值观。可面对严峻的就业形势和巨大的就业压力，理想在现实的挤压下不断变形，那些信誓旦旦要坚持梦想，工作不为稻粱谋的人，最后大部分都为五斗米折了腰，唯有少数人顶住巨大的压力，一路风雨兼程坚持下来，最终实现了自己的梦想。

第五章
青春因梦想而闪亮

当理想照进现实时，你是否在慨叹理想很美满，现实有些残酷，在苍白的现实面前失去了目标和动力，认为实现理想是遥遥无期的事情，于是改变了自己当初的志愿，满足于朝九晚五、按部就班的生活？如果你这样做了，就不要责怪命运不公，因为你的理想成为泡影是你自己选择的结果。

高峰和高岳是一对兄弟，两人从小喜欢物理，并立志长大后要成为物理学家。兄弟俩都非常聪明，在学校一直被"尖子生"的光环笼罩，物理成绩尤其优异，全都在各种物理竞赛中拿过奖项。后来高峰和高岳均考入了名牌大学的物理专业，但他们的想法却有了明显的不同。高峰始终对宇宙的神秘充满兴趣，希望自己能用一辈子的时间来揭示其中的奥秘，高岳却觉得搞物理研究压力太大，他不是那种特别执着的理想主义者，所以随时准备调转方向，他听说注册会计师收入颇高，就业前景比较好，就辅修了商学院的会计专业。

为了实现科研梦想，高峰在读本科时就在为考研究生而努力，那些无意考研的同学在大学时代早已放松了自己，刻苦学习者越来越少，高峰却不受环境影响，依然以十足的劲头刻苦学习物理知识，结果他成功考取了著名大学的研究生，继续攻读自己热爱的物理专业，并计划考取博士学位。

高岳临近大学毕业时决定以财务岗位作为主要的就业方向，他分别向各大银行、证券公司和会计师事务所投递简历，由于没有实践经验，他被各大公司拒绝了，在接连受挫之后他转而去找跟物理相关的工作。一个月后他被一家三甲医院录取了，职务是在放射科做物理师，工作内容主要是和医生一起制定治疗计划方案，确定用什么射线以及用量。高岳之前从来没有想过要成为一名医生，他大部分时间都在朝物理方面努力，刚进医院时他连人体器官都分不清，即便每天恶补医学知识他还是觉得工作起来有些吃力。

高岳供职的医院医生大都是博士学历，而高岳则是少数几个本科生，他觉得和同事几乎没有共同语言，同事们聊天他经常听不懂，也插不上话，这让他非常郁闷。在放射科，高岳觉得自己不被重视，这个科室的工作由医生、技术员和物理师共同协作完成，待遇最好最受重视的是科室的医生，医生有的奖品和福利，物理师和技术员都没有。高岳意识到自己在这家医院的上升空间太狭窄了，于是产生了换工作的念头，他知道自己所学的专业就业面比较窄，便打算继续朝财务方向努力，于是积极地为备考注册会计师努力着。

若干年后，高峰博士生毕业，进了一家大型科研单位，继续搞科学研究，他打算把毕生的精力都投入到物理研究上。而高岳成了一家会计师事务所的注册会计师，这份工作对他来说依旧不是十分理想，事务所旺季时所有人都忙得焦头烂额，而淡季时人又闲得发慌，高岳的神经忽松忽紧，这让他心烦意乱，业务繁忙时他简直累得透不过气来，上司的脾气也越来越暴躁。有一次他在整理文件时不小心把资料放反了，上司当众骂了他二十多分钟。高岳知道那段时间每个人工作压力都很大，火气也比较大，但他不能容忍别人把自己当出气筒，一怒之下他辞去了好不容易争取来的职务。

高岳常常觉得自己是个失败者，他认为自己样样都不如哥哥，高峰已经在权威期刊上发表了好几篇专业论文了，其成就获得了业界的一片肯定，而他呢，只是个普通的财务人员，其实他对财务一点兴趣都没有，所以才会那么干脆地辞职。他马上就要30岁了，工作还是没有着落，他不止一次地想过从新拾起物理专业，但一切都太晚了，要想扎根物理行业必须要有高学历，以他的年龄再去攻读硕士和博士恐怕有些不合时宜了。他后悔当年那么轻易就放弃了自己的梦想，如果当初他能像哥哥那样坚持下来，或许也能取得一样的成就。

　　理想和现实存在着巨大的差距，理想无疑是美好的，现实却总是令人失望，执着的人致力于不断缩小理想和现实的差距，直至两者合二为一，直到自己美梦成真，而许多人被严酷的现实吓倒，背离了自己最初的梦想，将人生理想束之高阁，放弃了全部的追求。有时候理想成为空想，并不是因为它离我们太遥远，而是因为我们停下了追逐的脚步，如果我们能一如既往地追寻下去，铁树也能开出美丽的花朵，再遥远的理想也会变得伸手可触。

03. 迷茫，是追梦时常有的心态

> 无论经历多少艰难困苦，也不管前景有多黯淡，如果我们能始终坚持不懈地奋斗下去，拼尽全力使现实逐渐逼近理想，那么理想即便最初只是一道微光，最后也定能绽放出万丈光芒。

　　儿时我们的梦想像天边的星辰一样绚烂，那时没有人在乎它是否符合实际，长大之后我们开始考虑社会现实等各种客观因素，会酌情对自己的梦想做出修剪。步入社会以后又会考虑自身综合能力等主观因素，会继续减除梦想中难以实现的部分，随后迫于现实的巨大压力，不断地和生活妥协。梦想中的幻想成分越来越少，到最后只剩下了光秃秃的主干了，那时我们才猛然发现初时的梦想早已面目全非了，那么到底是谁毁了我们的梦想呢？

　　也许你会把一切归咎为社会现实，认为是残酷的现实摧毁了你纯真的梦想，因为人整日为生存奔忙时，哪有多余的精力去追逐梦想呢？这样的解释虽然有一定道理，但却不是全部实情，哪一个人在追梦的时候不迷茫呢？所不同的是有的人纵使迷茫，也不肯对梦想放手，而有的人却在现实面前退却了，任由自己的梦想被汹涌的海潮卷走。所以有的人把梦想变成了现实，而有的人却只能仰天长叹。

夏达从小就非常喜欢画画，尤其痴迷漫画，上初中时，她便立志成为漫画家，读高中时她开始尝试创作漫画。从艺术设计系毕业后，她不假思索地扎进了漫画的世界，远离家乡只身到外地发展。

夏达大学毕业那年，漫画行业在国内的发展前景很不被看好，漫画从业者数量非常少，漫画杂志也不多，很多的漫画出版社都纷纷倒闭了，漫画家的作品不容易发表，收入十分不稳定。不少画漫画的作者都被迫做兼职工作，如果不做兼职连生活费都支付不起。夏达就是在这种行业背景下义无反顾地投身到漫画界的。

"北漂"生活是十分清苦的，夏达作为一个年轻的漫画作者，经常入不敷出，微薄的稿费付完房租以后几乎就没有多少剩余了，她经常一日三餐不济，过的是朝不保夕的动荡生活。为了不让家人担心，她骗家人说自己收入很高，正过着轻松自在的日子。艰苦的创作环境，并没有让夏达放弃画漫画的梦想，为了画出惊世骇俗的作品，她几乎不出门，每天把自己关在房间里作画。在最艰难的日子里，她连吃饭的钱都没有，经常饿着肚子画画，生了病无钱医治，单靠意志力和病魔搏斗，因为消化系统紊乱，她的体重下降得厉害，瘦得叫人心疼。头发长了她也没钱理，只能任它像野草一样疯长，每天她拷打着自己的精神和体魄，除了作画还是作画。

夏达为了实现梦想，吃了很多苦，在相当漫长的时间里，她的作品没有受到足够的重视，她曾经也很迷茫，但对她而言，漫画就像呼吸一样重要,是她这辈子都想追求的东西,所以不管有多苦多难,她都没有想过要退出这个行业。功夫不负有心人,夏达的漫画作品《子不语》后来在第五届金龙奖原创漫画动画艺术大赛中脱颖而出,夺得了最佳故事漫画少女组金奖。之后《子不语》得到日本知名出版社编辑和著名漫画编辑力荐,与日本一流漫画大师的作品同刊连载于同本漫画杂志。

成名后的夏达虽然在经济上宽裕了很多,但她从未试图去过养尊处优的生活,每次在截稿前,她都不间断地连续作画,不吃、不喝、不睡成了一种常见的工作状态,她的最高纪录是连续60个小时画画。对于创作漫画,夏达一直是全情投入的,她为之付出了一切,克服了常人无法想象的困难,最后终于实现了自己的梦想。

生活的窘迫会让我们对梦想产生怀疑,而在追梦的道路上受挫又会动摇我们实现梦想的信心,当我们的内心被迷惘和彷徨占据,梦想便会被无限缩小,直至成为食之无味、弃之可惜的鸡肋。如果我们能像夏达那样无论经历多少艰难困苦,也不管前景有多黯淡,始终坚持不懈地奋斗下去,拼尽全力使现实逐渐逼近理想,那么理想即便最初只是一道微光,最后也定能绽放出万丈光芒,因为追梦人的热血和努力就是最好的燃料。

04. 冷水浇不灭信念之火

人类有了飞翔的信念，即便没有翅膀，也能翱翔于蓝天。

长期生活在钢筋水泥建筑中的都市人，总是忙忙碌碌，目光空洞而无神，表情淡漠而麻木，皮鞋上积满了疲惫的尘埃，人们似乎不再相信快乐了，对生活的热忱似乎也消磨殆尽，我们不禁要问是谁盗走了他们对生命的热情？答案是冰冷的现实。当人心中的信念之火完全熄灭，他便会把梦想当成了不可实现的乌托邦，内心不再有渴盼了，拼搏的动力自然也不复存在了，于是便变成了行尸走肉一般的存在。

信念就像一支熊熊燃烧的火把，它能照亮前方的道路，鼓舞你的士气，把你引向梦想的彼岸。所以无论现实泼了你多少冷水，都不要让自己的信念之火熄灭，只要心存坚定的信念，哪怕希望再渺茫，你都有可能开创出一片光辉的未来。只要你坚信自己是一只盘旋在蓝天的雄鹰，不甘于沦为在地上觅食的家禽，那么终有一天你会实现翱翔于天际的梦想。

有一位贫苦的牧羊人靠替别人放羊来维持生活，他有两个年幼的儿子，由于没有多余的时间照看他们，每次外出牧羊，他都带着两个孩子一起去。一天，父子三人把山羊赶到了一个青草茂盛的山坡。忽然，有一群大雁排着队从他们的头顶飞过，很快消失在天际里。小儿子对大雁很好奇，就问父亲："它们要飞到哪里呀？"牧羊人回答说："它们要飞到一个温暖的地方过冬。"大儿子很羡慕地

第五章
青春因梦想而闪亮

说:"要是我们能像大雁那样能飞起来就好了。"小儿子也说:"是呀,做个会飞的大雁该有多好啊,不用放羊,还能飞到自己想去的任何地方。"

孩子们的愿望都很天真,如果是其他的父亲,恐怕根本不会理会他们童稚的话语,可牧羊人却认真地对孩子们说:"只要你们想,你们也能飞起来。"两个孩子半信半疑,他们试了又试,没能飞起来。牧羊人自己示范着飞给他们看,也没飞起来,但他对儿子解释说:"我是因为年纪太大才飞不起来的,你们年龄太小,现在还不能飞,只要以后不断努力,长大后就能飞起来了,到那时你们可以去自己想去的任何地方。"

两个孩子把父亲的话牢牢记在了心里,长大之后他们果然飞起来了,因为他们发明了飞机。他们就是美国的莱特兄弟。

梦想变为现实,皆源于坚定不移的信念,人类有了飞翔的信念,即便没有翅膀,也能翱翔于蓝天。拥有信念,再宏大的梦想也有可能转化成美好的现实,没有信念,哪怕最简单的心愿都有可能无法达成。信念是奋斗的源泉,有了信念,你就有了取之不尽用之不竭的力量,只要你矢志不渝地坚持下去,梦想就会离你越来越近。

他出生在一个贫穷的农户家里,从小就跟着父亲在田间劳作,有一天他在田埂上休息的时候,开始思考自己的未来和人生。父亲看他望着远处发呆,便问他在想些什么。他说将来长大了,不要种田,也不要像别人那样朝九晚五地上班,他想待在家里,等别人给自己定期邮钱。父亲一听,忍不住笑道:"别做白日梦了,天下哪有这样的好事,我保证不会有人给你邮钱的。"

后来他上学了,从地理课本上知道了神奇的金字塔,于是就对父亲说:"长大了,我一定要到埃及看金字塔。"父亲觉得他异想天开,又忍不住向他泼冷水:"你别做梦了,埃及很远,我保证你去不了那里,也看不到金字塔。"十几年后,那个在田埂上发呆的孩子、那名想要到埃及看金字塔的少年长成了一个优秀的青年,他大学毕业后,做了记者,每年都能出版好几本书。他果然没有务农,也没有像其他人那样朝九晚五地上班,而是每天待在家里不停地写作,出版社和报社把一笔笔稿费邮寄到了他的家里。他带着积攒的稿费去了埃及,站在金字塔下,他感慨万千,想起父亲说过的话,他默默地在心里说,人生没有什么是可以提前保证的,只要心存梦想,一切不可能的事都是有希望可以实现的。

他就是我国著名散文家林清玄,他的父亲曾认为他的梦想荒唐和遥不可及,可十几年后他把那些不可企及的梦想都变成了现实。为了实现自己的梦想,他坚持每天早晨凌晨四点便起床写作,一年完成一百多万字,靠着坚定的信念和顽强的毅力,他终于实现了自己的梦想。

一个人能不能实现自己的梦想,不在于起点有多高,也不在于客观环境是否对自己更有利,而在于他的信念是否足够坚定。始终坚守信念的人,就算受到再多客观环境的制约,也会不惜一切地将梦想变成活生生的事实。

05. 别怕跌跤，用自己的脚走出铿锵之音

> 世上没有免费的午餐，天上掉下来的不全都是馅饼，不要试图投机取巧走捷径，也不要过分依赖他人。

梦想，从来就是一个人的事，别人不可能替你实现梦想。在成年之前，你受到父母的庇佑，每次将要摔倒，父母都会用柔软温暖的毯子将你接住，把你隔绝在伤害之外，每次风雨来袭，父母都会把自己变成一张大伞，为你遮风挡雨。长大后，你要勇敢地跌下去，不要幻想着有毯子接住自己，你还要学会自己面对风雨，只有这样你才能挺起胸膛追逐梦想，用铿锵的脚步走出自己的光辉岁月。

毕业之后，或许你能较快找到一份比较清闲、待遇不错的工作，然而这却不能一定帮你实现梦想。如果你并不满足于仅仅拥有一份稳定的职业，渴望成就自己，实现最初的梦想，那么就必须靠自己把握，你的人生应该由你主宰，肯奋斗才会有收获，坐享其成绝不是实现理想的途径。

曹靖从小在优越的环境中长大，大学毕业后，按照父母的意愿，他应聘到了一家国企单位工作。时间一长，曹靖却享受不了那样的安逸和清闲，一心想要到外面闯荡，他对父母说自己想扎根新闻界。父母不同意，母亲说："你想当记者？那样的工作多辛苦啊，经常要在外面跑，还要赶稿，刚入行时稿费又少，现在物价这么高，你靠那点稿费能养活自己吗？"

曹靖满怀信心地说："刚开始时或许很艰难，不过我有信心能

把这份工作做好,在学校时我一直负责校报的工作,也算有了点实践经验,我相信通过不断地努力,我可以实现自己的理想。"父亲意识到他们无法说动儿子,便有些生气地说:"理想不能当饭吃,如果你执意要走自己的路,那么以后就靠自己吧,我们不会再为你提供后援或任何物质支持了。"曹靖说:"好,我已经长大成人了,我知道自己想要的是什么,也到了该独立的时候了。"

凭借着过硬的文字功底,曹靖在报社找到了一份工作,当时那家报社的黄金时代已经过去了,记者的稿酬也在大幅度缩水,基本工资只有2000多元。很多同事在报社走下坡路的时候选择了退出,待遇高的时候大家的理想都很纯粹,可待遇变差以后,理想很快被现实揉碎了,一些人最后都另谋高就了。报社的记者分为普通、资深和高级三个等级,稿酬和等级直接挂钩,曹靖作为一个新人,自然是最低的等级,薪酬少得可怜,为了维持正常生活,他不得不多写些稿子。当时报社大部分同事都疲于奔命,谁若一个月写不出三篇像样的调查稿,连养活自己都困难。

最初工作的半年里,曹靖是个标准的"月光族",光维持日常开销就花光了所有的稿费,那时他连一双好一点的皮鞋都买不起。父母不止一次地向他暗示辞掉现在的工作,他们会给他安排更好的工作,曹靖却执拗地说:"既然选择了这条路,我就决不会后悔,不做出点名堂来,我决不罢休。"实在是囊中羞涩了,他便和朋友拆借着过日子,若干年后他的薪水涨到了8000块,日子总算过得宽松些了,然而他的同学已经有不少人买了好车和大房子,他们大多数都坐在宽敞明亮的办公室里与大客户洽谈业务。曹靖有时也很羡慕他们,但他并不后悔自己的选择,做记者是他一生的梦想,每次采访都给他带来了无穷的乐趣,每一篇稿件都凝结着他的心血,这些东西都是用金钱无法衡量的。更让他欣慰的是这些年来他一直靠自己打拼去生活，没有借助任何人的力量，他凭借自己的才华和努力实现了梦想，这是最令他自豪的。

实现梦想的过程，往往是孤独的，你或许也想借助一双有力的臂膀，轻松地到达目的地，可事实是，脚下的路只能靠自己走，你若没有独立自主的勇气，便会离梦想渐行渐远。世上没有免费的午餐，天上掉下来的不全都是馅饼，不要试图投机取巧走捷径，也不要过分依赖他人，别怕摔跤，无论你跌倒多少次，都要坚持用自己的脚坚定不移地走下去，终有一天你能走出属于自己的铿锵之音。

06. 把握好第一份工作，别让梦想偏离航道

> 第一次对职场的体验是刻骨铭心的，它会在你的脑海里形成一种固定的印象，进而影响你日后的心理状态和工作状态。所以你在迈出人生的关键一步时万不能草率行事。

对于刚刚踏足职场的人来说，第一份工作是非常重要的，因为它是职业生涯的起点，在一定程度上影响着人们日后的发展。可惜遗憾的是很多人都没能把握好第一份工作，以致使它完全偏离了梦想的航道。据调查，仅有35%的职场人认为第一份工作和自己的理想基本吻合，而高达65%的职场人则遗憾地表示第一份工作和自己的理想相差甚远。

人们常说一步错步步错，大学生刚刚走进社会时可塑性很强，一般而言，第一次对职场的体验都是刻骨铭心的，它会在你的脑海里形成一种固定的印象，进而影响你日后的心理状态和工作状态，所以你

在迈出人生的关键一步时万不能草率行事，一定要针对自己心目中的理想工作选择职业，否则会对你的职业生涯产生极为不利的影响。

小欧大学学的是英语专业，理想职业是做翻译。翻译对求职者的外语水平要求很高，而她的英语功底一般，达不到应聘方的要求，所以面试了好多次都没有被成功录用。在屡遭拒绝的日子里，小欧的心态就开始变得浮躁起来，找工作完全是一种骑驴找马的状态，她想如果自己再不降低标准，恐怕一年也找不到一份工作。

小欧求职已经找不到方向了，她制作了不同内容的简历，应聘的岗位也多种多样。她在各大网站海投简历，没过多久就得到了反馈。她看好的大公司没有给她任何回音，好几家中小型公司要求她来公司面谈。她先后应聘过财经、金融、销售、管理等岗位，由于缺乏相关的工作经验，她递上简历和招聘方简单地面谈了一次之后，就没有下文了。小欧对自己越来越没有信心，后来她在朋友的劝说下，到一家小型企业做了文员。这份工作门槛比较低，主要内容不过是制作表格、打字和接打电话，小欧做起来得心应手。

做文员虽不是小欧的初衷，但这份工作比较清闲，小欧乐在其中，不过有时还是感到有些遗憾，毕竟这份工作严重偏离了她心目中的理想职业，每每想起她可能这辈子都没有机会实现自己的梦想了，心里还是有些难过的。有一次她外出购物，碰到了大学时代的同学小颖，在闲聊之中她得知小颖找到了和专业对口的工作，连连叹息着说："真羡慕你，能找到自己想要的工作。我英语水平不如你，没有一家企业愿意聘用我做翻译，我实在是找工作找烦了，就退而求其次找了份门槛低的工作，现在在做文员。"小颖不解地说："你以前不是一直说做翻译是你一生的梦想吗？""这个梦想以后再说吧，我对第一份工作的期望没有那么高，毕竟应届毕业生那么多，我又不具备什么竞争优势，等以后时机成熟了再转行吧。"

第五章
青春因梦想而闪亮

和小颖碰面以后，小欧的想法发生了变化，她不甘心永远做一名文员，一直在考虑转行。她为自己制订了详细的充电计划，本打算利用一切可利用的时间提升英语水平，为自己增加砝码。没想到计划实施得并不顺利，文员的工作虽然轻松，可是十分琐碎，也比较耗用时间，她根本没法利用零散时间练习英语。下班回到家里后她已经完全没有兴致再去学习，习惯了过轻松日子的她没有办法使自己变得紧迫起来，英语学习计划一再被搁置了。

小欧多次想换工作，可每次都是想想就算了，并没有采取任何实质性的行动。文员这份工作改变了她对职业的追求和想法，以前她是个比较理想化的人，一心想要做自己喜欢的工作，如今她觉得做什么工作已经不再重要，重要的是工作环境、舒适度以及工作时的心情。小欧在文员的岗位上待了八年，如果不是她所供职的公司倒闭了，她恐怕会一直留在原公司继续做文员。29岁的她又在另一家公司做起了文员，35岁那年她被公司辞退了，原因是她整理的一份重要文件中出现了错别字，给公司的声誉带来了负面的影响。临走那天，公司新招来的翻译有一个句子翻译不出来，她随口就说出了正确的译文，同事们都惊讶地睁大了眼睛："没想到你的英语这么好。"小欧叹了口气说："我以前的梦想就是成为一名翻译。"同事不解地说："那你怎么成了一名文员呢？""别提了。"小欧摇摇头，带着一些私人物品离开了办公室。

不少应届毕业生会迫于就业压力勉强接受一份自己并不满意的工作，之后想要转行重新开始往往要费更多的周折，更有甚者在接受第一份工作时就被定型了，把自己不喜欢的职业发展成了终生职业。第一份工作在很大程度上决定你在职场中对自己的定位，所以在开启自己的职业生涯时，不能过于草率，一定要保证自己所从事的职业大体符合理想中的期望，并为梦想确立一个良好的开端。

07. 飞翔之前，先学会踏实行走

> 没有任何一种生物具有一飞冲天的本领，苍鹰在翱翔蓝天之前是经历过断崖式训练的。

很多年轻人有理想有抱负，敢于打拼和闯荡，可惜心态过于浮躁，大都有眼高手低、好高骛远的毛病。一些应届生刚刚毕业就声称有信心当经理，当招聘方劝说其从基础工作做起时，不少学生都称等不及。二十几岁的年纪有什么等不及呢？马克·扎克伯格二十几岁已经成为CEO了，李嘉诚二十几岁已经创建了属于自己的工厂了，乔布斯二十几岁已经在私人电脑领域掀起一场革命了……学生口中振振有词，总之不愿在别人飞翔的时候，自己还踏实行走，因为那意味着落后。

事实上，没有任何一种生物具有一飞冲天的本领，苍鹰在翱翔蓝天之前是经历过断崖式训练的。一个职场新人，想要直接越过打基础的阶段，一夜之间功成名就，那显然是做白日梦。年轻有为的商业领袖或技术人才，在功成名就之前都为自己打下了牢固的基础，他们都是步步为营地实现了梦想，而不是一步到达了梦想的终点。年轻人在步入社会后，如果克服不了躁动的弱点，在一无所长的情况下总想着远走高飞，那么很有可能什么都做不好，徒然浪费青春。

薛萍毕业于某知名大学的会计系，她的第一份工作是在一家大型商贸企业做会计助理。会计助理的工作非常琐碎，十分考验人的

第五章
青春因梦想而闪亮

耐心和细心，刚开始参加工作时，薛萍总是在细节上出错，好在她做事喜欢回头检查，及时发现了问题，因此没有给上司带来任何麻烦。然而工作不到一个月，薛萍就感到有点不耐烦了，她问会计为什么总让她做那些琐碎的事情。会计没有直接回答她，而是反问道："那你觉得什么样的工作才是不琐碎的呢？"

薛萍回答不上来，良久才说："我觉得我的能力不仅限于做现在的工作，我毕业于名牌大学，在校时连续四年一直拿奖学金，我还组织过不少活动，各方面的能力都得到了锻炼，我觉得自己完全可以胜任更重要的工作。"

会计知道在当今时代像薛萍这样的年轻人是非常多的，所以并没有批评她，而是语重心长地劝她要先把手头的工作做好，循序渐进地提升自己的能力，以后有机会自然能得到提拔。会计和薛萍长谈了一个多小时，她并不知道薛萍是否听进了心里，不过以后在相当长的时间里，薛萍都没有再抱怨工作的琐碎。

会计原本以为薛萍会踏踏实实地致力于本职工作，不再那么急于求成了，孰料半年之后她提出了辞职。问及辞职的原因，薛萍回答得很干脆，她说在工作中找不到成就感，自己每天做的都是不重要的事情，能力没有得到施展。会计没有再跟她讲任何大道理，而是问道："你觉得，在你目前所做的工作中，最没有意义却又最浪费你时间和精力的工作是什么？"薛萍不假思索地回答："帮你贴发票。"

会计说："你帮我贴发票已经有半年了吧，通过这项工作，你总结出了什么信息没有？"薛萍沉吟了一会儿，说："贴发票就是贴发票，只要财务上没出现错误就可以了，还能有什么信息？"会计认为薛萍并没有从工作中总结出有价值的东西，便讲起了自己的职业生涯："我刚参加工作那年被从财务室调到了总经理办公室，担任总经理助理，其中有一项工作内容就是帮总经理贴发票。这项工作表面看似意义不大，其实里面大有乾坤。票据是公司运行状况的数据记录，这些数据包含着大量有价值的信息。我认清这一点之后，就专门建了一份表格，将公司报销的数据按照时间、地点、数额等记录了下来。渐渐地我发现了上司在商务活动的一些规律，他给我安排工作时，即使有些信息没有告诉我，我也能处理得很妥帖。他对我越发欣赏和信赖，后来在他的大力推荐下，我升职为财务部的总会计师。"

薛萍虽然觉得会计的话很有道理，但还是坚持认为自己不愿再在基础性的工作上浪费时间了，最后她还是选择了辞职。接下来的一年里，她换了三份工作，每份工作都没有做太长时间，每次她都说新工作太低级了，不能让她的能力得到充分发挥。到了年末她又辞职了，感到非常苦恼，她找不到合适的倾诉对象，就约见和自己曾经共事过的会计谈心。这次还没等会计开口，她便深有感触地说："我有些明白你以前说的话是什么意思了。路要一步步走，没学会走路是不可能飞起来的，学习走路的过程也是有价值的。"

拥有鸿鹄之志本没有错，只是再远大的志向也需要脚踏实地去实践，你的梦想可以在云端，但你的双脚决不能脱离地面，无论你在学校表现得有多么出类拔萃，步入职场后都需要从零开始。只有踏踏实实地做好基层工作，才能为自己的未来打下坚实的基础，不要过于急于求成，罗马不是一天建成的，你的梦想也不可能在一日之内实现，一步一个脚印地走下去，终有一天你能获得超值回报。

08. 自助者天助，爱拼才会赢

> 起点并不决定你人生的高度，未来掌握在你自己的手中。

我们经常听到有人抱怨收入不如预期，工作压力大，没有明显的竞争优势，升迁无望，理想破灭，等等。这些人常把人生的失败归结为命运和家庭因素，口口声声说，当初自己想创业，假如家里能提供足够的资金，自己早就开创一番事业了，怎么可能还是一个普普通通的打工仔？或者说自己起点太低，除了一纸文凭什么都没有，既没机会深造也得不到命运的垂青，哪有那么容易实现梦想？

他们的抱怨并非完全没有道理，客观因素在一定程度上确实能制约一个人的发展，但对你的人生起决定性作用的是主观因素而非客观因素。俗话说三分天注定，七分靠打拼，在商场上白手起家的企业家或身居高位的精英阶层，有的起点比你还低，可他们全都凭借着自己的辛苦奋斗开创了一番事业，这足以说明起点并不决定你人生的高度，未来掌握在你自己的手中，爱拼才会赢。

梦想是靠自己的双手打拼出来的，所谓自助者天助，有志者事竟成，不要总幻想着借助他人的力量或者好运来实现梦想，只有肯放手一搏，全力以赴地朝目标迈进，才能把美好的梦想变成无可置疑的现实。

09. 拼命三郎都是被"炼"出来的

> 想要激发自己的潜能,你必须逼自己在理想的道路上狂奔,只有这样,你才能成就非凡的人生。

人的潜质有多大,是很难被准确测量的,人只有在特殊的情况下潜能才能得到最大的释放。有人说优秀是被逼出来的,当下甚至盛传这样一种说法"一个人如果不逼自己一把,就永远不知道自己有多优秀"。被逼的感觉当然是痛苦的,然而这种脱胎换骨的过程却能使人的心智得到最大的磨炼,驰骋职场的拼命三郎就是这么"炼"成的。

观察一下各行各业的精英阶层,你会发现他们当中每一位都很拼命,他们所付出的努力要远远超过常人,有的人甚至有过无比心酸的过去。环顾一下我们周边的人,没有人天生喜欢打拼,有的人爱做梦,有的人爱幻想,大部分人都把梦想当成了奢侈品,只有少数人把梦想当成了一辈子的追求。为了美梦成真,倾尽了汗水和心血,最终他们让自己迎来了成功。

赵晋初出身于一个普通工人家庭,他是家里的独子,因为父母对他寄予了很高的期望。赵晋初读书时比较偏科,文科成绩优异,理科却一塌糊涂,高考那年文科分数奇高,可数理化三科加起来都没有达到80分。他没能成功考取大学,复读时又被很多学校拒之门外,没有办法,求学的路走不通,他只好早早步入社会打工。

当时国内正兴起南下打工热潮,赵晋初也想到南方碰碰运气,

第五章
青春因梦想而闪亮

　　于是就带了少量的现金和同学一起来到珠海闯荡。抵达珠海之后，赵晋初和同学奔走了十多天，也没找到一份工作，身上带的钱眼看就要花完了，为了省钱，他只好离开了价格相对较高的小招待所，搬进了破烂不堪的简易房里居住。就是在那所破房子里，赵晋初每天都在翻阅从街边捡回来的旧报纸，仔细地查找招工信息。一个月后，他终于找到了自己人生中的第一份工作，成为了一名临时的搬运工。搬运工的工作又脏又累，待遇又非常差，还要时常忍受工头粗暴的训斥。赵晋初干了一个月，就对自己的未来感到茫然了，他问自己真的想一辈子当搬运工吗？答案当然是不想，这份工作他只干了两个月，就匆匆去了家乡。

　　回到家乡以后，赵晋初就马不停蹄地往人才市场跑，他听说当地有一家印刷厂正在招聘印刷工人，便立刻赶去应聘。印刷工人虽然报酬不多，但可以免费阅读报纸，这对喜好文字的赵晋初来说是个不小的诱惑。得到新工作以后，赵晋初每天工作都十分勤恳卖力，印刷厂的工作非常繁忙，印刷工需要不分昼夜连续工作三天，每次要干满十个小时才能休息一个小时。这样的工作简直就和冲锋打仗没什么区别，动作稍慢一点就可能完不成工作任务。

　　赵晋初突然意识到没有知识就有可能一辈子做苦工，想要改变命运就必须用知识来武装自己。痛定思痛之后，赵晋初决定参加成人高考。不管工作有多累，他都没有放弃学习，每个周六日他都坚持到函授班听课。半工半读的生活是十分辛苦的，赵晋初却从不叫苦叫累，他发誓一定要学好文化知识，逼迫自己啃书本。为了多学点东西，他把睡觉时间一再压缩，实在太困倦了，就把头浸在冷水里，迫使自己保持清醒。有一天，赵晋初因为太过劳累，不知不觉睡着了，领导来查看时，认为他在消极怠工，一怒之下就把他开除了。

随后赵晋初又做过杂役、保安等短工，一直没有找到稳定的工作。赵晋初为此感到非常沮丧，他觉得自己的人生似乎已经被逼入了死胡同，如果再不奋起自救就一点希望也没有了。他从报纸上看到了有家报社招聘接待员的信息，于是立即去报了名。最初他的工作只是端茶倒水和接电话，他不甘于只当个杂工，便利用帮记者打扫卫生的机会观察他们的工作流程，后来记者和他熟络了，就让他帮忙扛摄像机和写稿子，领导也同意让他和记者一起跑新闻。喜出望外的赵晋初非常珍惜来之不易的机会，每天像发疯一样努力工作，熬通宵成了家常便饭，忙得不可开交。凭借着出色的文字功底，他成了一名优秀的记者，很快又做起了编辑的工作，若干年后他成为了当地小有名气的出色新闻工作者。

赵晋初心酸的打工经历带给我们的启示是，人的极限能力是在极端的环境下历练出来的。赵晋初迫于艰苦环境下的压力，产生了一定要改写人生命运的想法，他不甘于埋没于社会的底层，靠着狂热的干劲和一腔热忱，实现了身份的转变，成就了自己的梦想。为什么你总觉得梦想距离自己就像海与天一样遥远呢？因为你从来没有逼迫过自己，总是顺其自然、随遇而安，所以你的潜能在沉睡，想要激发自己的潜能，你必须逼自己在理想的道路上狂奔，只有这样，你才能成就非凡的人生。

10. 肯吃苦才能登上梦想舞台

> 只有在该吃苦时肯吃苦，在该拼搏时肯拼搏才能苦尽甘来，收获幸福美好的明天。

看完《杜拉拉升职记》，你觉得在外企工作真是让人羡慕，可以出入高档写字楼，出口就是流利纯正的英语，拿着不菲的薪水，人生若能如此，还能有什么其他的追求呢？当你接触到那些高级商务人士，又开始羡慕他们随手签下百万大单的潇洒，以及入住各种五星级酒店的风光，你疯狂地迷恋上了一种光环下的生活，却不知光环之下的他们曾经吃过多少苦头。没有付出就没有回报，他们所拥有的一切不是凭空而来的，而是靠自己辛苦打拼出来的，其中的酸甜苦辣是你所不知道的。

如果你认为每天朝九晚五地上班已经很辛苦了，在办公室整理一堆资料也算够辛苦了，那么就说明你为自己的人生画出了一道很浅的吃苦底线，只肯吃这点苦，几乎是不可能登上自己的梦想舞台的。俗话说吃得苦中苦，方为人上人，在最该吃苦的年纪如果你选择了安逸，以后无论吃多少苦都不能弥补你错过的人生内容，只有在该吃苦时肯吃苦，在该拼搏时肯拼搏才能苦尽甘来，收获幸福美好的明天。

何爽和顾梁毕业于同一所大学，何爽学的是生物工程专业，顾梁学的是工商管理。何爽的专业就业面比较狭窄，她一时找不到和专业对口的工作，毕业之后就到一家工程塑料厂做起了销售。刚刚入职时，何爽热情高涨，对未来充满了憧憬，一心想要成为厂里的明星销售员。然而刚入行没多久，她就觉得做销售这行太辛苦了，每天风里来雨里去，忙起来有时连一口热饭都吃不上，她想自己一个女孩子何必吃这种苦头呢？于是她果断辞去了工作，下定决心一定要找份轻松、待遇好的工作。

顾梁没有管理经验，毕业之后只能从基层做起，他第一份工作是市场调查员。在最初工作的两个月里，他不停地奔走于各大街头，向不同的人群分发调查资料，经常头顶烈日、风雨无阻地工作。他白天辛辛苦苦地收集第一手数据资料，晚上还要对数据进行加工和分析，一忙起来就忘了时间。一次偶然的机会，顾梁和何爽碰面了，何爽看到顾梁的变化大吃一惊："你怎么看起来又黑又瘦？最近吃了不少苦吧。""像我们这样的年纪，吃点苦不算什么。"顾梁笑笑说。"怎么不算什么啊，人活着不就是为了享乐吗？过得那么苦对得起自己吗？我可不愿意当苦工，现在正在物色轻松点的工作，你们公司有没有什么轻松点的岗位，给我介绍介绍。"何爽说。顾梁摇了摇头："没有。我们公司的工作都挺累人的，如果你不愿意吃苦，恐怕坚持不到一个礼拜就得辞职。"何爽撇撇嘴说："那算了，工作我还是自己慢慢找吧。"

两个月之后，何爽在售楼处谋到了职位，每天的工作就是带顾客看房源和为他们解答各种房产信息，这份工作并不辛苦，又有上升空间。可何爽依旧不满意，她在微博里讲述其工作经历，说自己每天讲话讲得口干舌燥，顾客又比较难缠，做这种工作简直就是折磨人，她不想继续受这种罪了。于是还没有干满三个月，她又辞职了。

顾梁具有吃苦耐劳的精神，工作完成得又比较出色，很快得到了总经理的赏识，成为公司重点培养的员工。总经理和重要客户洽谈时，总是让顾梁与自己随行，他还经常让顾梁做一些有关管理方面的辅助工作。为了协助总经理完成一个上市项目的工作，顾梁不知疲倦地研读几十万字的材料，工作完成以后，总经理更加信赖和欣赏他了。

若干年以后，何爽还在不停地换工作和找工作，她一直没能找到一份既轻松、待遇又高的好工作，顾梁已经晋升为高层管理人员。两个人再次见面时，何爽不无羡慕地说："你总算苦出来了，我呢，日子越来越难熬了，为什么人生总是那么辛苦呢？"顾梁说："在该吃苦时你不肯吃苦，日后当然要受苦了。"

别人为什么能实现人生理想，而你不能呢？不是因为别人比你更优秀，而是因为他们起得比你早，睡得比你晚，跑得比你卖力，在你悠然欣赏风景的时候，他们丝毫不敢懈怠，始终在一路飞奔。就是凭借着这股冲劲和始终如一的吃苦精神，他们站在了众人望尘莫及的位置上，成为了人群中的精英。如果你不甘于平庸一生，那么首先要克服好逸恶劳的弱点，做好吃苦的准备，所谓"宝剑锋从磨砺出"、"梅花香自苦寒来"，只有肯吃苦，你才能一步一步攀上梦想的阶梯。

第六章
保持真我本色，
别拿别人的标准定义自己的人生

歌德说:"每个人都应该坚持走他为自己开辟的道路，不被权威所吓倒，不受行时的观点所牵制，也不被时尚所迷惑。"不要活在别人的眼光里，无论你怎么努力，你都不可能让所有人都对自己满意，无论你怎么面面俱到，总会有人不喜欢你。别人的评价只代表别人的看法，它不能完全反映出你的本来面目和完整形象，让别人牵着鼻子走，你就会丧失自我。

谁是最高的总裁者？不是别人，而是你自己。如果所有的人都在追捧你，唯独你自己不认可自己，那么即使赢得了整个世界，你的人生也不会幸福。你对自己的尊重和认同比任何人的态度都重要。所以不必过于在乎别人的看法，不要拿别人的标准定义自己，勇敢地做你自己，快乐地成全自己，你才能拥有无悔的人生。

01. 你的优秀无须证明，不要活在别人的认可里

> 你的身体是自己的，生命是自己的，灵魂也该是自己的，既然如此，你为什么要拼命活给别人看呢？

世上有两种人，一种人是活给别人看的，另一种人是活给自己看的。很多人都活在别人的评价里，认为只有别人认可自己，自身的能力才能得到证明。可是你真正实现了这点，内心真的会感到快乐吗？不可否认的是，你的虚荣心将得到最大限度的满足，问题在于你的人生处处参照着别人的评判标准，在追求优秀的过程中，你会渐渐迷失自己，那时的你已经丧失了独立人格，早已忘记了幸福的感觉。

一个人是否实现自我，不在于获得过多少人的赞美，而在于自己是否在精神上得到了满足，迎合别人的标准而活会活得很辛苦的。人生只有一次，如果你让别人做了自己的导演，一辈子都不可能得到真正的自由和快乐。

玛丽娅没有唱歌天赋，甚至有点五音不全，但她非常喜欢唱歌，每天都要在房前的空地上反复练习唱歌。一位邻居听到了她的歌声，冷笑着说："即使你练破了嗓子，也没人会为你喝彩，你的歌声太难听了，简直就是噪音。"

玛丽娅听到邻居的嘲讽，并不生气，也不羞愧，她平静地说："很多人对我说过同样的话，但是我不在乎，我唱歌不是唱给别人听的，而是唱给自己的，我知道我的歌声并不优美动听，可我从唱

第六章
保持真我本色,别拿别人的标准定义自己的人生

歌中得到了很多快乐,无论你们怎么指责我,我都会坚持唱下去,我不需要得到你们的认可,因为我是为自己而活的。"

在现实生活中,很少有人能像玛丽娅那样洒脱,别人的一句嘲笑或者是一次批评都有可能给你造成伤害和打击。被否定以后,你可能灰心失望、自我怀疑,也可能耗尽大半生的时间来向别人证明自己的优秀,活成了别人期望的样子,完全没有了自己的影子,这是一件非常可悲的事。

简妮是个聪明能干的女性,她在郊区有一座漂亮的农庄,生意也打理得不错,她还有一个令人羡慕的家庭,丈夫温和善良,两个人看起来非常登对,在大多数人看来,简妮的生活已经很完美了,但简妮一点也不快乐,事实上她一直活在巨大的压力和痛苦之中。从小父母就对她要求很严,为了讨父母喜欢,她一直扮演着优秀的乖乖女的角色,成绩总是排在前面,在学校组织的各项比赛中都能获奖,父母为她感到骄傲,老师也经常夸奖她。

从小到大,简妮最担忧的是让父母失望,她一心觉得获得父母的认可比什么都重要。婚后她努力扮演好太太和女强人的角色,希望自己能做到尽善尽美。为了证明自己的出色,她花了整整两年时间来建设农庄,耗费了大量的体力和精力,精神格外紧张,她已经好久没有笑过了,和丈夫的感情也出现了裂痕。有一天她对丈夫说,希望他努力出人头地,证明给她父母看,丈夫很反感地回应说:"你想一辈子活在你父母的阴影里,我可不想,我会继续按照自己的意愿生活,不想证明给任何人看。"后来两个人经常因为这一问题吵架,关系日渐疏远。简妮变得忧郁和暴躁,脾气也越来越古怪。

后来简妮意识到如果再不放松一下神经,她很可能精神崩溃,为了调整心情,她到商场挑选了一件精致的品牌内衣。朋友劝她不

要买:"穿在里面的东西,别人又看不到,花那么多钱多不值啊!"简妮却坚持要把自己看中的内衣买下来:"我买东西是为了让自己高兴,为什么要在乎别人是否能看到?"她没想到从自己的口中居然能说出这样的话来,从小到大她一直按照父母的要求而活,做什么都是为了让父母高兴,这次是她生平第一次按照自己的意愿行事,这种感觉居然是这么自由和美好。

你的身体是自己的,生命是自己的,灵魂也该是自己的,既然如此,你为什么要拼命活给别人看呢?只要不侵害他人的权益,你有权利做自己,穿自己喜欢的衣服,做自己想做的事,追求自己渴望追求的东西,不需要他人来认可、肯定和赞同。你的人生应该由自己规划和主宰,不该被别人的声音所左右,不要理会他人的目光,你的优秀无须向任何人证明,只要你自己能认可自己,所有人的看法都不重要。

02. 做最好的自己,不做任何人的复制品

> 你没有必要成为优秀的别人,只需做最好的自己,然后成就你自己,只有这样,你才能拥有本色而快乐的人生。

每个人在这世上都是独一无二的存在,刚刚降临这个世界时所有人都是原创的,但渐渐地很多人就有意无意地活成了别人的盗版。一个懵懂无知的孩子,被家长和老师反复训导:看看某某同学如何如何优秀,你要向他学习。孩子在同龄人中找到了学习的榜样,努力向楷模看齐,长大之后就成了另一个别人,再也不是原装

第六章
保持真我本色，别拿别人的标准定义自己的人生

品，而是变成了他人的复制品。即便家长和老师没有给你带来太大的压力，社会风气也会渐渐将你同化，那些经常闪亮登场备受追捧的成功人士很快就成了你一辈子奋力追赶的目标。如果你成功了，你便成为了这些人的复制品，如果你失败了，你便变成了不伦不类的"四不像"，既不像自己，也不像别人。

大千世界，人各有异，即使是同卵双胞胎也不完全是相同的，人与人之间的差异性，事物与事物之间的不同，构成了缤纷多彩的世界。如果所有人都活成了同一个模板，这将是多么可怕的事情。你没有必要成为优秀的别人，只需做最好的自己，然后成就你自己，只有这样，你才能拥有本色而快乐的人生。

有个年轻漂亮的女孩在高级住宅区当电梯工，她工作非常勤勉，受到了住户的一致称赞，因为相貌清丽，酷似某位演员，惹来了不少议论。人们在乘坐电梯时，每次看到女孩，都会说她像极了某某演员，女孩对此早已习以为常，她一直保持沉默。有一天，正值下班高峰期，电梯里挤满了人，人们又忍不住七嘴八舌地议论女孩的长相，有人直接对女孩说："你长得真像某某演员，为什么不去试着演电影呢？"意思是女孩如此天生丽质，就应该像某某女演员那样在银幕上大放光彩，当电梯工实在是委屈她了。

女孩不以为然地说："你说的那位演员我知道，她是个一流的演员，而我是一名一流的电梯工。"话音刚落，电梯里顿时安静下来，从此再也没有人建议她放弃本职工作，去参演电影了。

按照世俗观念，电梯工远远没有演员风光，所以人们认为女孩应该成为某某演员，但女孩只想做她自己，拒绝沦为别人的复制品。但绝大多数人都没有如此冷静的大脑，争做他人的现象在社会上屡见不鲜，既然想做别人，就免不了要摆脱自身的局限，强迫自己从事力所不能及的事，结果往往把事情搞得一团糟。

> 在安静中，不慌不忙地坚强

苏菲是个女佣，她不满足于只做家务活，因为羡慕聪慧能干的女主人，她总是有意无意地效仿女主人的一举一动，甚至把这种情绪带到了日常工作中。女主人高贵大方，能力过人，在大公司里担任高管，对公司进行了一系列大刀阔斧的改革，苏菲非常崇拜她，于是她幻想着成为这个家庭的改革者。一天她来到了女主人的书桌前，对书桌进行了一次十分彻底的改革，把上面的文件书信收拾了一番。女主人回到家里以后，发现书信变整齐了，可是查看起来却更困难了，以前它们摆放的位置虽然表面看来有些凌乱，但其实都是按照重要程度排列的，经过苏菲收拾之后顺序全都打乱了。女主人有些不高兴，警告苏菲以后不要乱动自己的私人信件。

苏菲被女主人训斥后，很不高兴，于是果断地辞职不干了。后来苏菲在一家公共汽车公司找到了一份服务员的工作，但她不满足于运载旅客的简单职责，在结识了一名口才出众的道德文化机构的讲师以后，她暗暗发誓将来自己也要成为同一类人。当一名乘客拉着车上的吊环来回晃动时，苏菲完全无视他的情况，莫名其妙地宣读起了一篇材料，还要求对方要有善心，不要摇来晃去的。那名乘客觉得自己受到了侮辱，苏菲因此受到了投诉，丢掉了服务员的工作。

人们在想成为他人时，就会有许多反常的举动，东施想成为西施，于是就效颦，女佣想成为女主人，于是就做了超越自己职责的事，音乐家想做画家，于是就把小提琴当成画笔，拉出了怪诞的曲调……画虎不成反类犬，是复制他人不成功的结果，在通常情况下，做别人只能把你引向歧途，只有做自己，你才能真正发挥自己的才能，活得真实、自然和成功。

03. 与其随波逐流，不如另辟蹊径

>你的人生不应该由盲目的群体导航，而应该由你自己探索和开拓，唯有如此，你才能走出不一样的人生。

盲从是人性中的一部分，随波逐流是很多人的通病。学生看到热门专业发展迅速了，就不顾自身特点随大流涌入同一门专业，毕业后看到 MBA 受追捧了，就扎堆似的去镀金，看到有人炒股赚钱了，就立即购买相同的股票，发现某人做生意成功了，便急着想复制同样的模式……人们总是乐于跟在队伍后面奔跑，哪怕千军万马过独木桥，挤得人仰马翻，也不愿另辟蹊径，寻找一条更适合自己的路，结果由于竞争激烈、道路狭窄，人生不知不觉就陷入了僵局。

机遇只会降临到引领风潮的那个人身上，而盲目追风的人得到的往往是残羹剩饭，第一桶金早已被领头羊掘走，如果你还幻想着自己能从浩浩大军中分得一杯羹，未免就有些天真了。随波逐流只能被波浪卷走，只有另辟蹊径你才能找到出路，你的人生不应该由盲目的群体导航，而应该由你自己探索和开拓，唯有如此，你才能走出不一样的人生。

多数在商业领域取得巨大成就的人，都是一种商业模式或者一个品牌的创建者，他们从来不去模仿和抄袭别人，也不盲目跟风，而是以自己独特的方式经营事业，最后成了某一行业的领军人物。

著名商业领袖和发明家马朗兹就是这样的人，他被誉为美国各

类加盟店的始祖。马朗兹以前是一名机械工程师，他喜欢搞发明创造。他发明出了一种自动的冰淇淋冷却机，这种新型机器制作出的冰淇淋松软可口，口感非常特别，它是市场上独有的，所以马朗兹认为这款新型冰淇淋产品一定会受到顾客的欢迎。为了扩大经营，他从美国东岸到西岸开设了很多冰淇淋连锁店，开创了加盟店的连锁经营模式，赚取了高额利润。

成功无定式，适合别人走的路未必适合你，每个人都各有其长、各有其短，所生活的环境和各种条件都不同，盲目地追随别人，很难找到正确的方向，只有结合自身的情况，充分发展自己的特长，才能脱颖而出。

米勒是一个乡村画家，他籍籍无名，为了获得更好的发展，他只身前往浪漫之都巴黎寻找艺术灵感。巴黎的繁华和热闹给他留下了十分美好的印象，可对于一个不入流的画家来说想要在这个大都市里生存立足并不是件容易的事。他的画充满了乡土气息，并不符合巴黎人的审美，为了谋生，他不得不迎合大多数人的喜好，改画当时画坛最流行的裸体画。

一天晚上，米勒漫步在巴黎街头，来到了一个橱窗前，他的少女裸体画正陈列在里面，有两位赏画的青年对这幅作品发表了自己的看法。其中一个说："这幅画简直糟糕透顶，让人一看就厌恶。"另外一个说："米勒真是个三流画家，除了画裸女，什么也不会画。"米勒听到这样的批评，心里难受极了，回到家里，他对妻子说："我以后永远都不会再画裸体画了，不管生活有多难多苦，我都不会再画那么令人讨厌的东西了。我现在已经厌恶了巴黎，这里并不适合我发展，我要回到乡下去，回到劳动人民中间去！"

米勒很快迁居到了巴黎附近的乡村巴比松，他用自己烧的木炭画素描，创作出了《播种者》、《拾穗者》、《扶锄的男子》等表现农民题材的佳作，优美的自然环境和淳朴的乡村生活给他注入了不竭的灵感，使他的创作达到了巅峰。后来很多画家都移居到巴比松作画，形成了巴比松画派，而米勒则成了这个画派当之无愧的代表。

无论你是否能成为一个时代或者一个领域的先锋人物，都不要盲目地去做别人的跟班，因为随波逐流就等于埋没自己，只有独辟蹊径，你才能在自己最擅长的领域做出成就，成为最优秀的自己。

04. 走自己的路，让别人说去吧

你的人生应该由你自己做主，你未来的道路也该由你自己选择，这是你的权利，无可争议。

曾几何时，我们习惯用他人的标尺来衡量自己的行为，曾几何时，他人的言论主宰了我们的喜怒哀乐，曾几何时，我们为了迎合别人不敢坚持走自己的道路。在父母眼中，不听话的孩子是叛逆的，在老师眼中，不守纪律的学生是差劲的，在大众眼中，不循规蹈矩的人是不可理喻的。在重重压力下，我们任由别人左右自己的看法，完全没有了自己的主见，一路踩着别人的脚印前进，按照约定俗成的条条框框生活，在众说纷纭中彻底迷失了自己。

很多人都非常在乎别人怎么看待自己，为了获得别人的认同而委曲求全，甚至为了附和别人的观点而改变自己的决定。又有多少人能做到像但丁说的那样"走自己的路，让别人说去吧"，人们都知道"人言可畏"、"众口铄金，积毁销骨"的道理，但活在别人的说法里，与其说是一种智慧的妥协，不如说是一种软弱的表现。无论你泳技如何，都不可能溺死在口水里，你的人生应该由你自己做主，你未来的道路也该由你自己选择，这是你的权利，无可争议。

霍钧是一个品学兼优的好学生，在老师和同学眼里他是个非常有前途的大好青年，但大学毕业后他却感到一筹莫展。熟悉他的人都知道，他最大的弱点就是没主见，从小到大什么都听父母和老师的，自己几乎从未独立做过决定。面对严峻的就业形势，父母和老师一时也没了主意，他生平第一次犯难了。看到同学们纷纷签约了，他压力越来越大，心想如果大家都签约了，只有自己没签上，同学会怎么看待自己，老师又会对自己有多失望，父母也肯定觉得面上无光。可随便签一家单位，也十分不妥，当初考入重点大学时，父母大摆筵席宴请亲朋，谁都知道他们家里出了个高才生，如果找不到一份像样的工作，那些亲朋在背后会怎么挖苦自己。

霍钧思来想去，满脑子都是别人怎么想，他很怕别人瞧不起自己，更怕听到有人说名牌大学毕业生又怎么样，还不是找不到好工作，到头来书都是白读的，那些没有文凭的人发展得也比他们好。为了堵住众人的悠悠之口，霍钧选择了考研的道路，考取研究生后，他的耳根暂时清净了，但内心却更加忐忑了。他就读的专业是老师帮他选的，起初他学起来还不算吃力，后来难度越来越大，他越发感觉跟不上学习进度。他不好意思向导师求教，因为怕问多了导师会对自己的能力产生怀疑，更让他苦恼的是，他不清楚自己的未来在哪里，一想到别人会对自己进行负面评价，他就感到头痛不已。硕士毕业以后，他在一家高新科技公司谋到了职位，主要负责新产品的研发工作，研发部门有很多博士生和硕士生，他并没有受到特别的重视，待遇也很不理想。亲朋得知他发展不顺，纷纷发表读书无用论，有的还举例说某某下岗职工只有初中学历，下海经商几年就发达了。博士生、硕士生有什么用，念那么多书还不是照旧打工，打一辈子工也未必有出息。创业成功的大学同学在他面前不停地自我炫耀，动辄就以教训的口吻数落他，说这年头当书呆子什么事也干不好，要想有一番事业必须得敢想敢干敢闯。

霍钧感到自己已经被他人的嘲笑吞没了，为了让那些看不起他的人住口，他辞掉了工作，开始尝试着做生意。可他并不是做生意的料，很快就血本无归，之后他受到了更多的奚落和嘲讽。在那段压抑的时光里，他再一次迷失了自己，他终于意识到无论自己怎么做都避不开别人的口水，心想那就让别人说去吧。反正天也不会塌下来。

霍钧最大的问题就是缺乏自我认同，他总是过分在意别人的看法，无论是读书还是工作，他都表现得十分没有主见，任由别人指手画脚，摆布自己的人生，结果让自己活得像傀儡。其实谁都没有权利左右他人的人生，你没有必要在乎世态炎凉，穿自己的鞋，走自己的路，让别人说去吧，勇敢地树立自己的人生目标，不走寻常路又能如何，只要你能活得洒脱精彩，任何口水都不会有机会伤害到你。

05. 平凡并不可耻，平庸才可怕

我们不应该以平凡为耻，即使我们不能散发出耀眼的光芒，也能在自己的岗位上贡献出一份光和热，把平凡的工作做到极致，同样能实现自己的人生价值。

有时候也许你会认为自己很渺小很平凡，出身于平民之家，其貌不扬，有一份普普通通的工作，过着平淡如水的寻常日子，既不能改变世界，对任何领域也没有影响力，登不上杂志报刊，上不了新闻头条，默默无闻，就好像天地间的一粒沙，丝毫不引人注意。或许你会疑惑地问自己，一辈子就这样平凡下去吗？你不甘心自己的人生如此卑微，为了能轰轰烈烈地燃烧耗尽了自己全部的能量，却依旧摆脱不了平凡的地位，于是你心灰意冷，开始浑浑噩噩地混日子，沦为了可悲的平庸者。

平凡不等于平庸，平凡的人或许无过人之才，但仍然有自己的理想与追求，所以能在平凡的岗位上做出不平凡的成绩，而平庸的人心态非常消极，总是做一天和尚撞一天钟，得过且过地消磨时光。其实工作无贵贱，人生也没有等级，关键在于你的态度，所有的劳动都是崇高的，每个人的人生都是值得珍视的，只有自我降格的平庸者会让自己活得卑下。所以你可以平凡一生，但决不能平庸。

有一家大型连锁超市要招聘一名收银员，经过初试、复试等环节的筛选，最后只剩下三个年轻的女孩做最后的较量。最后一轮复试是由老板亲自面试的。第一个女孩来到老板办公室后，老板随手给了她一沓百元大钞，吩咐她到外面买几包香烟。这个女孩想，自己是来应聘收银员的，又不是个打杂跑腿的，这种支使人的工作她可不做，老板在还没有录用她的情况下就差使她买烟，分明是故意伤她自尊心。女孩越想越生气，根本没有接老板递过来的钞票，一句话也不说就气冲冲地离开了办公室。她边走边自言自语地说："收银员又不是什么好工作，为了这样的工作受气真不值得，我没应聘上也没有什么损失。"

第二个走进办公室的女孩也遇到了相同的情况，她默默地接过了一沓钞票，一声不吭地出去了，回来的时候带回了好几条名贵的

第六章
保持真我本色，别拿别人的标准定义自己的人生

香烟，她把剩余的几百元交还给了老板。老板问她说："这沓钞票里有一张假钱你发现了吗？"女孩眨着忽闪的大眼睛，吃惊地反问道："里面有假钱吗？"老板扬起手里的那张假钞说："收银员虽然是一项比较简单的工作，可也需要劳动者具备一定的技能，最起码能认清钞票的真假。"女孩说："这种工作不需要什么高超的技巧，不就是辨认钞票的真假吗？我一天就能学会。"老板遗憾地表示她不是自己心目中的合格人选，女孩喃喃地说："有什么了不起的，不就是一个数钱收钱的岗位吗？搞得挺煞有介事的，觉得我不是合格人选，我还不稀罕干呢。"

第三个面试的女孩接过钱后，动作熟练地点了一下手里的钞票，并把发现的假钞微笑着还给了老板，要求老板重新换一张新钞票。老板对她的表现很满意，于是和她做了进一步的交流："你怎么看待收银员这份工作？很多人认为它是一个很普通很平凡，而且没有发展前景的工作，我想听听你的看法。"女孩说："我觉得平凡的工作也是有价值的，踏踏实实地把平凡的工作做好，也能实现自己的人生价值。"老板高兴地点点头，宣布她被正式录取了。

世上没有平庸的工作，只有平庸的工作态度，平凡而不平庸才是正常的人生状态，人人都向往优秀，向往卓越，可惜精英只是少数人，世间的绝大多数人都像你我一样平凡。我们不应该以平凡为耻，即使我们不能散发出耀眼的光芒，也能在自己的岗位上贡献出一份光和热，把平凡的工作做到极致，同样能实现自己的人生价值。选择平凡还是平庸是一个不需要思考的问题，拒绝平庸，安守平凡，一样可以在平凡的工作中取得骄人的成绩。

06. 弱者在质疑中退缩，强者在质疑中前进

> 真正的强者敢于在质疑声中傲然挺立，致力于去改变并不那么美好的环境，而不是成为环境的附庸。

任何一种新事物的诞生都会遭到广泛的质疑，人类许许多多的发明创造就是在质疑中完成的。任何一种特立独行的行为也会受到诋毁和质疑，人们对于不同的人或事物总是充满了抗拒。年轻人初露锋芒时，总会受到各种各样的质疑和非议，有的人不相信你的能力，有的人质疑你的做法，只因为你不够世故老道，不符合世俗的观念。面对质疑，不同的人有不同的回应，弱者选择在质疑声中退缩，而强者却选择在质疑声中前进，用自己的方式平息异议，改变那些不公正的评判。

南丁格尔出身于贵族之家，她的志向是成为一名护士，在当时，只有地位低下、没有文化的妇女才会去当护士，她尊贵的身份和高贵的地位不允许她成为一名护士。然而南丁格尔并不在乎别人怎么看待自己，克里米亚战争爆发后，她毅然带着38名护士奔赴战场，担任起了护理伤员的工作。

对于一位贵族女性而言，南丁格尔的做法无疑是惊世骇俗的，当时英国的舆论界坚决反对战地医院出现女护士，人们更不能理解贵族小姐自贬身价，屈身成为女护士。南丁格尔却不理会质疑声，她一边精心地护理着伤员，一边安慰他们，不少伤员感动得流下了眼泪。士兵们认可了南丁格尔的工作，但有些军官却不希望她继续

第六章
保持真我本色，别拿别人的标准定义自己的人生

留在前线。

有一天一位少校军官语气生硬地对南丁格尔说："高贵的小姐，我想，你最好还是回伦敦吧。就算你把那些伤员护理好了，他们也不能再冲锋陷阵了。"南丁格尔不明白他是什么意思，便问为什么。军官回答说："爱流眼泪的军人还是军人吗？你把他们娇惯坏了，他们现在不适合作战了。"南丁格尔看着军官的眼睛严肃地说："在我眼中，他们是有血有肉的人，受伤了就该得到妥善的护理和善意的安慰。"

南丁格尔虽然受到了军官的质疑和讥讽，但她拒不离开战场，每天晚上都要提着风灯巡视病房，耐心地照顾伤患。在南丁格尔不懈地努力下，战地医院的条件得到了极大的改善，在短短半年的时间里，伤病员的死亡率就从42%下降到了2%。南丁格尔挽救了无数的生命，她使人们彻底改变了对护士的看法，从此以后，人们都不再认为护士是一个卑微的职业，而是对这个职业充满了敬意，亲切地称护士们为白衣天使。

南丁格尔不怕质疑，她通过自己的努力改变了世人的眼光，这种精神是非常可贵的。我们所生活的世界是由不完美的人组成的，很多流俗的观念都带着深刻的偏见和歧视，作为一个有独立思想和人格的人，我们不应该因为畏惧而放弃自己的主张，进而任由环境将自己同化。也许你改变不了整个世界，但至少可以改变微环境，当然在这个过程中，你会受到种种责难，听到各种不友好的声音，可是只要你矢志不渝地践行正确的事情，周边的环境便能得到些许净化和改善，世界也便多了几分美好和和谐。

初出茅庐的你，或许因为太过青涩被人嘲笑，或许因为一无所有而令人不屑，或许因为不遵守某些规则而被视为另类，这些质疑声可能会让你对自己所坚信的理念产生动摇，最终妥协成了识时务

的俊杰，独立的自我就是这样沦陷的。在成长的道路上，不经世事的你难免会和现实世界发生各种碰撞，你的思想观念和行为方式可能会发生巨大的改变，有人把这个过程叫作由幼稚到成熟的蜕变。其实，成熟并不意味着丧失自我，无底线地向现实妥协，成熟不是变得越来越现实，而是能更清醒地认清现实和接受现实。别以为变得越来越冷漠，就是成长了。长大应该是变得更温和、更勇敢、更温暖、更慈悲，而不是变得畏首畏尾，不敢发出真实的声音或者用各种方式伪装自己，真正的强者敢于在质疑声中傲然挺立，致力于去改变并不那么美好的环境，而不是成为环境的附庸。

07. 经得起多大的赞美，就经得起多大的否定

　　千万不要被否定喝退，因为只有今日经得起否定，明天你才能经得起赞美。

　　相信大家都非常熟悉这样一段广告词："你只闻到我的香水，却没看到我的汗水。你有你的规则，我有我的选择，你否定我的现在，我决定我的未来。你嘲笑我一无所有不配去爱，我可怜你总是等待。你可以轻视我的年轻，我会证明这是谁的时代。梦想是注定孤独的旅程，路上少不了质疑和嘲笑。但那又怎样？哪怕遍体鳞伤，也要活得漂亮！我就是我，我为自己代言！"年轻的你在茁壮成长的过程中，少不了否定的声音，你的少不更事让某些人大失所望，你那些豪迈的宣言可能会被当成痴人说梦，别人不相信青涩的你能做出什么惊天动地的大事来，只有你知道自己的未来绝对不

第六章
保持真我本色，别拿别人的标准定义自己的人生

是梦。

人们只会把赞美留给最后的赢家，年轻人在羽翼未丰之前被轻慢、被否定、被冷落是常有的事，在职场上你可能觉得自己是二等公民，挑剔的上司、苛刻的老板对你并不看好，认为你太过年轻需要经过更多的打磨和历练，或者认为你简直是朽木不可雕。比你资历深、年龄长于你的人会给你各种各样的批评和忠告，在这种情况下，你千万不要被否定喝退，因为只有今日经得起否定，明天你才能经得起赞美。

瑞秋大学毕业以后，进了一家知名的时尚杂志社给总编当助理。比起同龄的女孩子，瑞秋算不上是什么时尚达人，也没有什么独特的品位，不过她聪明过人，又有毅力，总是精神饱满、满怀激情，就是因为具备这些优点，挑剔的主编才决定试用她。面试当天，瑞秋精心打扮了一番，结果装束被主编评价为粗鄙，当她说自己很想进入时尚界时，主编轻轻地笑了起来："从目前来看，你离时尚这个词还有很大的距离，现在你的外表和你的气质和时尚完全不沾边，进入公司后你必须从零学起，改变着装，还要减肥瘦身。"

瑞秋本以为自己在步步朝着人生目标迈进，虽然面试当天主编就给了她一个下马威，但她对未来的生活还是满怀期待，谁知工作没多久她就觉得自己简直就是活在噩梦中。主编不仅是个工作狂，而且非常尖酸刻薄，私下里同事们给她取了个绰号叫炸弹，足见其影响力和威力。在瑞秋之前，已经有两名助理因为忍受不了她的铁腕作风而辞职了，她素来不看好年轻人，对职场新人更加不信任，如果不是因为工作太过繁忙，暂时找不到更有资历的人选，她也不会选择瑞秋这个刚出校门的大学生担任自己的助理。

主编经常给瑞秋安排大量的琐事，除了日常的工作外，她还吩咐瑞秋给自己备咖啡和买午餐，甚至命令瑞秋跑很远的路为自己购

买指定样式的文件夹,瑞秋整天忙得团团转,却换不来一句肯定。主编反复强调自己具有点石成金的能力,而瑞秋是块粗糙的石头,需要长时间打磨才可能成型,还说以瑞秋这样的资质可能无论怎么打磨都成不了才。瑞秋一直任劳任怨,对于上司的挖苦和嘲讽不加理会,她甚至幻想着有朝一日能在时尚界崭露头角。当她在无意中表达了这样的愿望后,主编又笑了:"我觉得你应该换个发型,留齐刘海让你看起来像个懵懂的孩子,还有你必须减肥,要让自己脱胎换骨,还有一点是我反复强调的,你应该把现在的衣服像丢垃圾一样丢掉,换上对得起这个行业的服装。"

瑞秋很快换了发型,每天早上都练习打网球,并向同事取经学习如何梳妆打扮,她慢慢地瘦下来了,着装品位也发生了变化,主编却仍然说她老土,跟不上潮流,对她的身材仍不满意。主编否定瑞秋的一切,动辄就对她品头论足,态度永远都是那么苛刻。有一次遇上台风天气,机场所有的航班都停飞了,主编却要求瑞秋订飞机去纽约,瑞秋没有做到,她便大发脾气。"你觉得我是在有意刁难你对不对?其实我是在锻炼你,因为只有经得起否定的人,才能经得起赞美。"主编说完拿来很多有关时尚评论的杂志,"那些在时尚圈熬出头的人,你知道他们经过多少否定吗?多少有才华的设计师和主编曾被贬低得一文不值,可他们能承受这一切,所以他们才有了今天的地位和荣耀。"

五年以后,主编退休,瑞秋成了时尚杂志的主编,有人称赞她主编的杂志是时尚界的风向标,有人却说它简直就是垃圾中的垃圾,还说新任主编资历太浅,根本不了解什么是真正的时尚。每次听到否定的声音,她都会想起主编对自己说过的话,所以她没有受到负面评价的影响,而是加倍努力地工作,把杂志办得更加有声有色。

第六章
保持真我本色，别拿别人的标准定义自己的人生

人人都喜欢肯定和赞美，谁都不喜欢被轻视被否定，可当你没有做出任何成绩时，不可能有人为你喝彩，拼搏注定是一个孤独的过程，有时甚至要忍辱负重，但无论如何，只要你能昂起头来毅然前行，胜利就在不远处等着你。

08. 把嘲笑当成前进的动力

最好的反击方式不是以语言暴力回敬对方，而是把嘲笑当成自己前进的动力，让对方折服。

在工作和生活中，也许你的行为举止或者某些特征会受到他人的嘲笑，面对嘲笑，你可能感到愤怒或无奈，或者立即反唇相讥，这些有意无意的嘲弄会引起你情绪上的巨大波澜，干扰你的正常工作和生活。有的人嘲笑你矮小的身材，嘲笑你肥胖的身躯，嘲笑你窘迫的处境，嘲笑你讲话的方式或者其他的弱点，这些嘲笑可能句句都能戳到你的痛处，于是你忍不住想要反击。其实最好的反击方式不是以语言暴力回敬对方，而是把嘲笑当成自己前进的动力，让对方折服。

张乐从小患有严重的口吃，每次开口讲话都会受到同龄人的嘲笑。年龄小时他没有把小伙伴的嘲笑放在心上，但随着年龄的增长，他变得越来越敏感，只要一听到笑声，他便觉得别人是在笑话自己，从此他不敢公开讲话，性格也发生了巨大的改变，他成了一个沉默寡言的人。渐渐地，同学都疏远了他，他变得形单影只，心情越发沉重，学习成绩也一路下滑，最后导致他高考落榜。他没有

复读的打算，于是开始四处找工作。

因为有口吃的毛病，张乐接连遭到用人单位的拒绝，后来他在一家餐厅找了份杂工的工作，由于工作需要，他被迫要开口和其他员工沟通，可是一张口就又受到了嘲笑。他忍无可忍，当众和同事吵了起来，被主管批评一通后，他气冲冲地辞职了。临走时，同事们骂他是神经病。

张乐从小到大，一直被骂作结巴，他生平第一次又听到了新的辱骂。他想自己因为长期被嘲笑，变得神经过敏，性格也比较偏激，或许这就是别人说他是神经病的原因。张乐心情更加郁闷，产生了从军入伍的想法，他渴望穿上那身橄榄绿，英姿笔挺地行走在天地间。因为唯有如此，他才觉得自己的青春没有被辜负，除了被人笑，他也有值得自豪的经历。可是当他去报名参军时，武装部的领导却说他必须改掉口吃的毛病，才能入伍。

张乐下定决心要纠正自己的口吃，他报名参加了一个治疗学习班，学习标准的发声和正常的语言表达，老师告诉他矫正口吃最好的方法就是进行当众演讲。张乐比较胆小害羞，没有勇气当众讲话，他计划每天在公交车上发表演讲。可一出家门心里就开始打退堂鼓，每次他想要退缩时，都会逼迫自己回忆被嘲笑的经历，他把这个过程当成卧薪尝胆，为了一雪前耻，他昂然地走上了公交车，鼓足勇气对乘客发表演说。最初他讲话结结巴巴，大家听得云里雾里的，有人忍不住大笑起来，有人骂他是神经病，还有人声称要驱赶他下车。张乐虽然心里难过，但依然面不改色，继续发表自己的演说："今天我想给大家……讲一个……寓言故事……希望……乘客朋友喜欢……从前……"张乐一字一顿地讲完一个完整的故事后，礼貌地向乘客表达了歉意，对他们说："不好意思，打扰大家了。"然后就走下了公交车。这样的剧目几乎每天都要上演一回。

第六章
保持真我本色，别拿别人的标准定义自己的人生

张乐通过在公交车上练习演讲，说话已经流利了很多，讲话停顿次数在逐渐减少，虽然他在车上演讲时还会受到少数人的嘲笑，但大多数乘客都被他的情绪所感染，对他的行为表示理解和支持。后来张乐克服了口吃的毛病，如愿以偿地穿上了军装。回首往昔，他说是别人的嘲笑给了他不断前进的动力，那些嘲笑曾经深深地伤害过他，但最终转化成了鞭策他上进的力量，促使他矫正发音，实现了参军的梦想。

人无完人，每个人都有缺陷和弱点，如果你遭到了无理嘲笑，千万不要让自己变得阴暗或充满报复欲，也不要自怜自卑，看不起自己，而要把别人的打击化作催自己锐意进取的动力，不断地自我完善，以此赢得外界的尊重。

09. 不要让别人主宰你的心情

> 珍惜你该珍惜的人，忽略那些无关紧要的人，把快乐的主导权交还给自己。

有时候你不快乐，是因为太过在乎别人对自己的态度，一句不痛不痒的非议，一件微乎其微的小事，都有可能让你耿耿于怀。在大多数情况下，别人早已忘记了自己说过的话或做过的事，你却还在为此纠结不已。很多人不能做到快乐随心，总是让别人操纵自己的心情：职员因为得不到上级赏识而闷闷不乐，学生因为被老师评价为差生而伤心难过，男人或女人因为被对方冷落而悲伤，甚至一个陌生人不友好的举动也能破坏你一天的好心情。想要获得快乐是

那么难，总有各种各样的烦心事伴随你左右。

其实快乐与烦恼皆源自内心，你不可能控制别人，能掌控的唯有自己，如果把快乐的主导权交给别人，便无异于自寻烦恼。任何人都没有义务对你好，对于关心你爱护你的人你要心存感激，对于对待你不友善的人，你也没有必要做出过激的反应。人各有志，好恶亦有不同，投缘的人携手共行，道不同的人各走各路便好，没有必要为了别人的态度而大喜或大悲。

贾芸是一名大一新生，她家境不是很好，昂贵的学费几乎花光了家里的积蓄，为了减轻家人的负担，她入学不久就做起了兼职，靠做家教来换取生活费。每天傍晚下课后，她都会乘坐公交车赶到学生家里教课。报酬是按小时支付的，贾芸每天都要教两个小时的课程。因为大一课业不重，贾芸半工半读尚不算吃力，只有到了临近期末考试时，她才开始抓紧时间复习功课。

同学们平时时间都比较充裕，基本上都能及时温习近期所学的课程，所以期末考试前几乎不用临时抱佛脚，只有贾芸和少数平时不学习的学生在考试前夕紧张地备战着。迫于生活压力，贾芸就算学习再紧张，也没有放弃家教的工作，每天仍然要外出两小时，返回学校后便一头扎进了书堆里。她就读的学校晚上过了11点教室是要锁门的，因此她必须抓紧时间复习。有一天，她在演算一道颇具难度的高数题，不知不觉忘记了时间，正当她有了思路，就要演算出结果时，教室外忽然传来"咣当"一声，大门被锁上了。贾芸看了看手表，吓了一跳，原来已经到了11点钟了。被锁在教室里的贾芸立即慌了，她大声朝外面喊叫，请求执勤的工作人员能替自己开门，可外面一点回应都没有，过了一会儿，教室里的灯又陡然熄灭了。

贾芸置身在伸手不见五指的环境中，心里更害怕了，她真不明

第六章
保持真我本色，别拿别人的标准定义自己的人生

白执勤的人为什么要这么对待自己。他明知教室里有人，偏偏要那么冷酷地把门锁上，难道自己真的就那么让人讨厌吗？贾芸越想越委屈，忍不住呜咽起来。哭了一会儿，她感到心情好些了，就盘算着怎样离开教室。她从书包里掏出了手机，查看了一下里面的号码，最后把目光落在了宿舍管理员的信息栏上，打通电话没多久，管理宿舍的阿姨就打着手电赶到了教室，打开了大门。

那位阿姨说她一接到电话就向执勤人员要了教室的钥匙，急匆匆地赶来了，她想那个被锁住的学生一定会很害怕。贾芸听完后，立即哭了起来："他一定能看到教室的灯没有全熄灭，他知道里面有人，却故意把我锁在里面，我不明白他为什么要那么做。"阿姨对她说："你不要太难过了，他或许不是针对你，可能他做事比较死板，时间到了就会锁门。""我请求他为我开门，他却理也不理，还说不是针对我？"贾芸越说越激动，眼泪止不住地流了出来。

阿姨一边帮她擦眼泪一边说："在这个世界上，不是每个人都会用友好的方式对待你，你身边有三种人，第一种人是对你关怀备至、体贴入微的亲人和挚友；第二种人是敌视你的人，以打击和诋毁你为终极目标，这种人你一辈子可能碰到一两个，也可能一辈子也遇不上；第三种人就是对你不冷不热的人，这类人在你的一生中占大多数。不要指望所有的人都像对待亲人那样对待你，那是不现实的。别人以什么样的方式对你，不是你能左右的，没有必要因为那些人而劳神伤心。"贾芸止住了哭泣，她语调平静地说："我不会再为冷漠对待我的人哭泣，因为那不值得。"

世上总有很多事情是超越于你的掌控的，外界因素就像变幻莫测的天气一样带有很大的不确定性，所以你不能让外界来控制自己的情绪。人与人之间的喜好、价值观存在差异，你不能勉强所有人都喜欢你和接受你，而要珍惜你该珍惜的人，忽略那些无关紧要的

人，把快乐的主导权交还给自己，自己主宰自己的心情，开开心心地度过每一天。

10. 人格独立是一个人成熟的标志

> 作为一个独立的人，任何人对你的评价都没有你对自己的评价重要，只要你不过分抬高或贬低自己，就不可能被众人捧杀，也不可能因为暂时的失败而失去尊严。

一个人成熟的标志就是具有独立人格。成熟与年龄并不完全相关，少艾之年也可以很成熟，面容苍老的人也可以有一颗稚嫩的心。成熟的人心不为外界事物而转移，从不人云亦云，具有独立的思想和自己的判断，如鱼得水时不会因为受尽世人的追捧而扬扬得意，失意时也不会因为备受奚落而自惭形秽，在任何时候，都能对自己对他人有一个客观清醒的评判，宠辱不惊，淡定如水，尽显独特的个人魅力。

在现实生活中，我们常看到阅历丰富但仍为他人所左右的人，事业如日中天时，光环加身，陶醉在鲜花和掌声里，后来人生突然发生了重大变化，千金散尽、事业失败，受尽各界揶揄，精神立即崩溃了，这完全是任凭别人导演自己生活造成的悲剧。作为一个独立的人，任何人对你的评价都没有你对自己的评价重要，只要你不过分抬高或贬低自己，就不可能被众人捧杀，也不可能因为暂时的失败而失去尊严。

一大清早，安迪就在为女儿的节目做准备，他要陪女儿一起跳

第六章
保持真我本色，别拿别人的标准定义自己的人生

天鹅湖，这对一个体态健硕的男人来讲真不是一件容易的事，但他知道这次表演对女儿非常重要，所以在女儿的要求下爽快地答应加入了舞蹈节目。吃完早餐后，安迪驱车把妻子和女儿载到了学校。他们一家三口换上了服装，等待为全校师生献上精彩的表演。安迪比妻子和女儿都要紧张，这是他第一次参加这样的活动，他很想给女儿留下美好的记忆。

学生们多才多艺，家长们配合得也非常好，教室里的掌声此起彼落，一档又一档节目在欢快的音乐中结束了，终于轮到安迪一家上场表演了。全体师生的目光聚焦在了他们身上。安迪的女儿非常娇小可爱，穿着漂亮的芭蕾舞裙，更像小公主了。安迪的妻子身材修长，换装之后显得亭亭玉立。而安迪呢，肚腩凸起，四肢粗壮，裹在小小的舞裙里，简直就像滑稽的小丑。在场的人都觉得这画面是那么不和谐，三只天鹅中，两只天鹅美得像天使，另外一只却丑得不忍直视。

随着音乐的响起，天鹅一家开始翩翩起舞，天鹅妈妈舞姿优美，小天鹅步态轻盈，母女俩每一个动作都是那么美，人们不禁发出了轻轻的赞叹声。而天鹅爸爸，又肥又丑，动作笨拙，每次脚尖落地都像是一枚重磅炸弹落到了地面上，人群中发出了一阵笑声。虽然天鹅爸爸破坏了画面的和谐，但母女俩表现得太出色了，最终节目还是获奖了。安迪的女儿在发表获奖感言时说出了让人大吃一惊的消息，原来这家人经营的公司刚刚破产，安迪在这种特殊的情况下仍然选择陪伴女儿表演。师生们对这位天鹅爸爸的嘲笑全部转化成了敬佩，因为多数人在破产后，都会陷入深深的沮丧中，很少有人能像安迪那样在经历那么沉重的打击之后，还能陪女儿参加学校的活动。

安迪破产那年，全球爆发了严重的经济危机，很多企业都倒闭

了,安迪的朋友萨姆也破产了。萨姆在失去事业后,每天都在喝酒买醉,丧失了对家庭的责任感。安迪每次劝他振作时,他总是说:"现在我变得不名一文了,有的人嘲笑我,有的人可怜我,世界变了,人们也变了,我也变得快认不出自己了,我的人生没有希望了。""你为什么要在乎别人怎么想呢?你不要在乎别人说什么,要自己自强起来,你失去的不过是财产,并没有失去一切,你还有温柔的妻子和可爱的孩子,他们都是无价之宝……""安迪,我和你不一样,你有自己的想法和追求,而我需要别人的认可和掌声,就像小孩子需要糖果一样。"萨姆说。"萨姆,可你不再是小孩子了,你不需要向任何人讨要糖果。"安迪拍了拍萨姆的肩膀,希望这位好友能重新振作起来,他更希望好友能摆脱外界的干扰,重塑独立的人格。

面对人生中的旦夕祸福、事业上的兴衰成败、个人的荣辱得失,具体独立人格的人一定能淡然处之,不以物喜,不以己悲,而活在别人眼光里的人遇到同样的情况则会自暴自弃。人生一时的成败其实并没有那么重要,重要的是你怎么看待成败,人人都会为胜利者欢呼,落败者能得到的多数是喝倒彩,因此你不应该让别人的态度影响自身的生活,而要以积极的心态冷静地审视自己的人生,重新把自己的生活拉向正轨。

第六章
保持真我本色，别拿别人的标准定义自己的人生

11. 遇见最美好的自己，收获最美好的情谊

> 真诚是维系友谊最坚固的桥梁，它胜过千百次虚假的应酬，胜过一切花言巧语。

世人皆推崇真善美，但假丑恶却不免夹杂其中，在这个充满诱惑的世界里，如果你没有如磐石般坚毅的心志，就很容易随波逐流，丧失自己的本色。走上社会后，你会发现每个人都不是一座孤岛，人与人交织成四通八达的网络，许多人皆明白这样一个道理：独木不成林，单打独斗的时代已经过去，而良好的人际关系已然成为了事业的基石。因为功利心太重，你很难再收获一份纯真的友谊，为了让自己获得更多的社会资源，你变得世故老辣，学会了装腔作势和曲意逢迎，或许你因此得到了一些实际的利益，但孤独时你会发现自己在最美好的年龄心灵已然老去，而真正能称得上是挚友的人屈指可数，于是你开始对自己以及人与人之间的关系感到失望。

人在天性上都有追逐美好品性的欲望，人人都想让自己成为一个更美好的人，多数人在内心深处都是憎恶虚假的，可有时候会为外物所累，会受环境影响，不知不觉便把持不了自己。你憎恨虚伪时，自己也带着虚伪的面具，你对别人的厌恶恰如你对自己的厌恶一样刻骨铭心。如果你已经厌倦了这一切，想要找到最简单最无害的情谊，首先要卸下自己的伪装，真诚地对待别人，所谓物以类聚人以群分，你若足够真诚，就能遇到和自己一样真诚的人。

有个年轻人到店里买碗，他随手拿起一只碗，将手中的碗和其他碗轻轻地碰击，两只碗碰撞时发出的是沉闷浑浊的声响。他由此断定被测试的碗都是次品，不禁失望地摇了摇头。接下来他又挑选了一只碗，又拿它和别的碗碰击，撞击声依旧浑浊，他再次感到失望，于是又挑选了别的碗，最后他把店里所有的碗都挑遍了，也没有发现一只好碗。店主人把店里的精品碗推荐给他，他经过碰击实验后还是连连摇头。

店主人对这位客人的举动感到很奇怪，便问："你为什么要用手中的碗去碰其他的碗呢？"年轻人回答说："这是别人告诉我的挑碗秘诀，当一只碗和其他碗轻轻碰撞时，能发出清脆悦耳的声音，就说明被碰击的碗是好碗。"店主人恍然明白了，于是又把一只碗交给了他，微笑着说："你拿这只碗试试，我相信你一定能挑选出自己想要的那只碗。"年轻人将信将疑地接过碗，继续重复刚才的测试，奇怪的是，所有的碗和这只碗发生碰撞后都能发出清脆悦耳的声响，他百思不得其解，就急忙向店主人求教。

店主人说："答案很简单，你刚才拿来试碗的那只碗其实就是一个次品，用它来试碗，声音当然浑浊，你要想挑到一只好碗，首先要保证自己手里的那只碗也是只好碗。"

碗与碗之间的碰撞，就像心与心之间的碰撞一样，你若想要收获真诚的友谊，自己首先要是真诚的，你若想发现美好的人，自己首先必须是美好的。俗话说将心比心，你怎样对待别人，别人就有可能怎样对待你。有人说真正的朋友未必会对自己的事业有帮助，而基于共同利益结成的同盟倒有可能在关键时刻助自己一臂之力，至于双方之间是否存在真情根本就不重要。这样想显然是不对的，事实上，只有真心朋友才能在你最需要他的时候鼎力相助，甚至愿意与你荣辱与共、肝胆相照，有了这样的朋友你的人生之路才能

第六章
保持真我本色，别拿别人的标准定义自己的人生

更顺畅，你的事业也才能更稳固。

卢俊和曹刚是大学同学，两个人性情迥异，但都有共同的志向，那便是白手起家创业。曹刚很看重人际关系，为了结识对自己事业可能有帮助的大人物，可谓是煞费苦心，在经济困窘的条件下，他频繁出入保龄球馆、高尔夫球场等高消费场所，为的就是多认识一些商业精英，进而把他们发展成自己的朋友。经过一番努力，他建立了一个所谓精英人士的朋友圈，这是令他引以为豪的事。在创业过程中，这些朋友确实为他提供了一些帮助，不过都带有一些附加条件，比如他企业做大之后他们要获得一定比例的股份，有的还提出了其他条件，比如他公司的产品要优惠卖给自己的企业。

卢俊经过一番打拼也有了自己的事业，他创办了一个小语种培训机构，所聘的教师多半是自己的朋友。创业之初，公司没有办法给予工作人员太高的待遇，因此他几乎聘用不到高级教师，思来想去之后，他想起自己的好朋友有的精通韩语，有的精通俄语，还有的精通西班牙语，他何不招募这些朋友呢？朋友听说他想创业，二话没说就答应暂时帮忙，原因很简单，卢俊平时对大家都是真心实意的，谁有困难他都第一个出手相助，简直就像及时雨一样，朋友们当他是好兄弟，自然愿意帮忙，就这样卢俊的事业在朋友们的帮助下慢慢起步。

五年以后，曹刚的公司陷入了困境，以前交好的那些朋友纷纷远离了他，那些所谓的朋友一旦提起他，几乎都是负面评价，认为他是一个装腔作势的人，一心只想从别人身上得到好处，却从不肯为他人着想，这样的人本来就不值得深交。曹刚在慨叹人情冷暖、世态炎凉时，从来没有反省过自己，因此他的人际关系网一直都比较脆弱。卢俊的培训机构却办得风生水起，他的好友大多成了他的

股东，大家有福同享，有难同当，公司发展得越来越好。

　　人是感情的动物，每个人都渴望收获真挚的情谊，真诚能够融化世间所有的冷漠，即使一个冷血的人也有可能被它所打动。真诚是维系友谊最坚固的桥梁，它胜过千百次虚假的应酬，胜过一切花言巧语。一个具有真诚品格的人更容易获得别人的信赖和关爱，也更容易交到难能可贵的朋友。

　　有些人为了达成某种目的而刻意扭曲自己，变得虚伪，以为这样就可以左右逢源、事业顺达，殊不知脆弱的友谊通常经不起现实的考验，如果你事业的根基建立在虚情假意的人际关系上，那么你努力创造的一切都有可能昙花一现。让自己成为一个美好的人，真诚地对待自己，真诚地对待别人，你才能收获最美好的情谊，开创更加美好的未来。

第七章
超越自卑，点亮心中自信的明灯

其实，每个人心里都潜藏着自卑与自信的种子，两者之中谁能主宰你的精神世界，取决于它们的生长速度。当你内心晦暗时，自卑的种子就会潜滋暗长，而自信则会受到抑制，这时你便不再相信自己，把自己想象得一无是处，任心魔荼毒自己的心灵，导致自己一事无成。自信是一个人成长不可或缺的一种心理品质，没有自信，你不可能做成任何一件事情。每个人身上都蕴藏着巨大的潜能，自卑的人感知不到它的存在，自然不能让自身的优势得到最大限度的发挥，唯有自信的人，不但对自己有信心，而且相信一切皆有可能，愿意最大限度地开发自己，实现自身的人生价值。

自信不是与生俱来的，很多非常自信的人以前也自卑过，不过后来他们成功点亮了心中自信的明灯，使自信的种子在心底生根发芽，所以超越了自卑，走向了自信。

01. 妄自菲薄是一种病态

> 每个人都有自己的价值，世上没有卑微的人，只有卑微的姿态。

人们对自我的认识常常出现偏差，这就导致了有的人妄自尊大，有的人妄自菲薄。在哈哈镜面前看自己，你看不到真实的影像，看到的不过是扭曲病态的投影。如果你是一个自卑的人，也许是因为没有漂亮的外表，没有优秀的资源，没有理想的工作和可炫耀的财富，你或许觉得自己什么都没有，所以一无是处、不可救药。你觉得对自己的评价已经足够中肯，因为你认清了残酷的现实，而实际上你无时无刻不在扭曲自己的形象。

每个人都有自己的价值，世上没有卑微的人，只有卑微的姿态。你或许认为自己的自卑是外界的压力造成的，而事实上这种病态心理是你强加给自己的。当你看不起自己的时候，全世界的人都有资格瞧不起你，当你高度自尊的时候，没有人能冒犯你的尊严。纵使失败，纵使一无所有，纵使从天堂跌入谷底，只要你不屈膝，谁也不能降低你的人格。

朱韬出身于一个普通的工人家庭，他相貌平平，从小学习成绩也不好，在学校里几乎从来没有引起任何人的注意。由于家境贫寒，自己又没有什么过人之处，朱韬感到十分自卑。他从不参加学校的活动，也不愿意主动和老师和同学交流，总是躲在最不起眼的角落里默默地看书。看到同龄的男生在操场上挥汗如雨地打球，他

第七章
超越自卑，点亮心中自信的明灯

十分羡慕，因为长得矮、体质差，他不敢妄想加入学校组织的篮球队。学校举办的运动会上，也不见他的身影，因为他不想让同学记住自己动作笨拙的样子。

朱韬的青春时光就像单调的黑白照片一样，没有彩色的印记，也没有值得回顾的光彩，他总是低着头走路，目光游移躲闪，生怕有人看穿了自己内心的秘密。就这样朱韬从一个沉默的少年长成了一个郁郁寡欢的青年，读了一所普通的大学，找了一份普通的工作，人生似乎要永远这么一成不变地演绎下去。他在一家小型企业当内勤，所从事的都是办公室里的杂活，薪水少，又十分琐碎，他看不出长期从事这样的工作会有什么发展前途。

工作后的朱韬比在学校时还要自卑，因为觉得自己一无是处，他一直没有恋爱，因为觉得自己处处不如人，他拒绝参加同学聚会。在办公室里，同事谈笑风生时他从不插嘴，有人主动和他交流，他也只是简单作答，偶尔会谈论些无关痛痒的话题，他最讨厌谈论自己的生活，假如他发现有人试图旁敲侧击地从他嘴里套出私人信息，就会马上变脸。同事们觉得他非常难相处，纷纷疏远了他。

朱韬感到寂寞孤单时，就会上网聊天，在网上他把自己伪装成了另一个人，不仅谈吐幽默，而且自信果断，通过网络他认识了一个叫林秀的女孩子。林秀活泼可爱，落落大方，朱韬渐渐对这个女孩心生好感，可他努力克制自己的感情，因为认为自己配不上这么好的女孩。以普通朋友身份交往半年后，林秀提出见面，朱韬不同意，他担心她了解了真实的自己后会弃他而去。后来经不住林秀几次三番的要求，他不得不硬着头皮去见她，他想早晚要面对这一天，如果她嫌弃自己，两个人就断绝交往好了。

两个人相约在一家咖啡馆见面了,朱韬很坦诚地说了自己的真实情况,他说自己出身于工人家庭,现在在做内勤,还把自己的很多人生经历都透露给了林秀。说完很长的一段话之后他问:"我和你想象的一定不一样吧,现在你是不是特别看不起我?"没想到林秀却说:"我没有看不起你呀,我觉得是你自己看不起自己。其实你这个人挺有幽默感的,而且内心世界很丰富,还有我觉得你挺善良的,因为你说你收留了一只受伤的流浪猫。""我有这么多优点吗?"朱韬感到困惑了,"以前从来没有人这样说过我。我一直都认为所有人都看不起我,因为我长得丑,又很穷,没有任何特长,而且很不合群。"林秀的话在朱韬的心里引起很大的震动,生平第一次他开始从另一角度来看待自己,从此他不再那么自卑了。

年轻人需要明白,即使你身无分文、貌不惊人或者才智一般,仍有自身的价值,出身、容貌、智商都不是由你决定的,你无法选择一些先天性的东西,但可以通过后天的努力弥补人生的缺憾。在这个世界上,别人可以看轻你,但你决不能看轻自己。你改变不了世界,但可以改变自己的心态,自信自强起来吧,永远不要停止提升自己生命的高度,只要你一直自强不息,就能走出自己想象的距离。

第七章
超越自卑，点亮心中自信的明灯

02. 别拿己之短去比人之长

> 不必忌妒和仰慕任何人，正确地看待自己的长处和短处，抛弃虚荣心，学会接纳、欣赏和爱护自己，即便你不出类拔萃，只要你是一个健康和美好的人，就没有什么可汗颜的。

俗话说："尺有所短，寸有所长。"无论多么优秀的人都有短处，同样，无论多么低劣的人也都有长处。似乎人人都懂得这个朴素简单的道理，可是一旦涉及自身，人们的观点就会出现180度的逆转。自卑的人总是盯着自己的短处，还经常用别人的长处来诋毁自己，拿自己的缺点和别人的优点比，当然越比越自卑了。和姚明比身高，和爱因斯坦比智商，和奥黛丽·赫本比美貌，和比尔·盖茨比财富，你一定输得很惨。就算你没有和这些世界级的人物比较过，在与周围人比较时，也总是不自觉地把别人的优点无限放大，以至于达到令自己望尘莫及的地步，在这种情况下，你当然还是输家。

每个人都有自己的闪光点，不要看到别人比你漂亮、比你聪明、比你富有，就自惭形秽，你的身上同样具备别人所没有的优点，不必忌妒和仰慕任何人，正确地看待自己的长处和短处，抛弃虚荣心，学会接纳、欣赏和爱护自己，即便你不出类拔萃，只要你是一个健康和美好的人，就没有什么可汗颜的。

许倩是一名非常优秀的学生，学习成绩优异，又会画一手好画，在老师和同学眼中，她是一个典型的乖乖女和好学生。可许倩自己却不这么认为，她不但无视自己的优点，还总是揪着自己的缺点不放。她认为别人都不了解真实的自己，表面上看她是一个优秀的好学生，事实上她有很多很多缺点。

许倩觉得自己是个呆板无趣的人，同学也说她长了一颗理科的大脑，这是一种委婉的说法，意思是她不够感性，性格沉闷，不活泼。看到那些莺莺燕燕的女孩子在阳光下说说笑笑，她就感到十分羡慕，不明白正值青春年华的自己为什么会像老年人一样暮气沉沉。许倩对自己的外貌也很不满意，和那些苗条的女生相比，她显得略微有点肥胖，她的脸有一点婴儿肥，体态稍显丰满了些，其实她的样貌在班级里应该算是中等偏上，可她却认为自己长得非常丑。由于她有自卑心理，平时也不爱照镜子，更不喜欢打扮自己。许倩对自己的声音也分外不满，她觉得同龄女孩的声音都像铜铃般清脆悦耳，唯独自己的声音低沉喑哑，这让她羞于开口。每次在课堂上回答问题，她的声音都小得几乎快让人听不见，老师几经提醒，她才把声音稍微放大了一点。

许倩整天想着自己的短处，并无限地将其夸大，渐渐地，她几乎认为自己一无是处，别人夸奖她的时候，她的表情越来越冷淡。当她在期末考试中再一次得了高分时，同桌羡慕地说："我如果能像你学习那么好就好了。"许倩说："学习成绩好又有什么，分数是没有意义的，并不能代表什么，我倒是羡慕你会唱歌会跳舞，性格又那么活泼开朗。""你的画画得也很好。"同桌说。许倩认为这纯属是一种恭维："不过是乱涂乱抹罢了，我其实没有什么特长，就是个呆头呆脑的书呆子。"同桌又说："你也太谦虚了，谦虚过度就等于虚伪。"本来无心的一句话，却惹恼了许倩："你这话是什么意思？"同桌不知道自己说错了什么，马上解释道："我没有恶意，只是觉得你很谦虚罢了。""我从来没有谦虚过，我说的都是实话。"

许倩涨红了脸说。

那次的事件过后,许倩再也没有向任何人坦露过心声,她变得越来越自卑了,渐渐地,她不再和同学来往,同学并不知道她究竟是怎么回事,还以为她是因为过度骄傲,才远离大家的。

每个人都是不完美的,没有缺点的人是不存在的,如果你认为唯独自己满身缺点,而其他人都是遍身闪光,那么一定是你的意识出现了严重偏差。事实上,绝大多数人都在竞相展现自己优秀的一面,刻意隐藏和掩盖自己的缺点,唯独自己才了解自身最真实的一面。不要拿自己的缺点和别人的优点比较,因为那是不公平的。无论你是否有一双洞悉世情的慧眼,都要学会客观地看待自己和他人,只有这样你才能公正地评价自己,找到真正的自信。

03. 人决不能过分看轻自己,但也不能太看重自己

> 不要把自己看成世界上最重要的人,毕竟谁都不是宇宙的中心,也不要把自己看得一文不值,因为每个生命都是值得尊重的。

把自己看得太重,便容易受到现实的打击,因为世界上比你优秀的人很多,只要你不是世界第一,总有人会把你比下去的。把自己看得太轻,便会变得怯懦和卑微,一个人如果自己看不起自己,就不会被任何人看得起。每个人都是宝贵的生命体,所以你应该平等地看待自己和他人,人的价值并不是借助于外在形式衡量的,你可以选择通过成就和物质手段为自己加码,但就算没有这些东西,你的核心价值还是存在的。

太过看重或看轻自己，会变得极度自负或自卑，其实自负和自卑本属孪生，自负的人往往骨子里自卑，自卑的人通常喜欢用自负伪装自己。在生活中，那些爱炫耀资历和财产的人，多半有过艰辛的岁月，自我追捧是为了抹平旧时自卑的伤痕。而在工作中，非常喜欢彰显自己，频频虚张声势的人，其动机是为了强调自己在公司的重要性，而起因是怀疑自己的地位受到了挑战。

章明是一家合资公司的副主管，他不但长得高大英俊，一表人才，而且口才极佳，在应聘时得到了主考官们一致的好评，刚进公司没多久，他就受到了上级的倚重。章明急于向公司上下证明自己的能力，每次例行开会都表现得异常活跃。以前公司开例会，主要是为了加强交流和合作，大家畅所欲言，而自从章明加入公司以后，会场的气氛完全改变了。他第一次参加会议就展示了自己铁齿铜牙般的好口才，只要别人一开口，他就把对方驳斥得体无完肤，大家不想参加这种辩论大会，渐渐地都噤了声，以后会场上都是章明一个人在滔滔不绝地发言。

章明本以为自己高明的言论和精辟的分析，能让上司和下属都心服口服，没想到公司上下居然没有人买账。上司找他谈话说："公司开理会主要是为了交流各自的工作心得和工作进度，顺便讨论一下接下来的工作方案，不是为了召开辩论大赛，作为领导，你要善于听取意见，不要搞得大家都不敢发言。"下属表面上不敢顶撞他，私下里都对他颇有微词，在公司举办的一次聚餐活动中，他故意缩在不起眼的角落里偷听下属们讲话。其中一个下属说："我觉得新来的副主管太目中无人了，每次开会都是他一个人讲个不停，我从来没见过那么爱表现自己的人。"又有一位下属说："他这是自我感觉良好，以为自己说的话都是什么金科玉律，骄傲自大的人我见得多了，像他这么狂妄的我还真是头一遭见到。"第三位下

第七章
超越自卑，点亮心中自信的明灯

属说："我觉得他其实就是纸老虎，表面上耀武扬威，其实骨子里发虚，他对自己的能力不自信，所以才表现得那么过激。"

章明听完下属的议论，脸上一阵红一阵白，其实第三位下属说得没错，他骨子里是自卑的，表面上的自负不过是一种强大的伪装罢了。他大学毕业时，进入了一家非常知名的高新技术公司工作，那时的他没有任何经验，是从基层做起的，待遇在公司里几乎是最低的。同事们个个西装革履，意气风发，他买不起像样的西装，只能穿着廉价的西装上班，他觉得所有的同事都有些看不起自己。他曾暗暗发誓，一定要出人头地，让所有瞧不起他的人对他刮目相看，于是整天发疯一样地工作，终于获得了老板的认可。职务升到了副主管级别，工资翻了一倍，可地位的提高并没有换来尊重，同事们还是看不起他，后来他才知道根源在于自己那口难改的乡音。了解真相后，章明辞掉了职务，专门报班矫正自己的发音，终于练就了一口流利的普通话，改变了那令自己蒙羞的乡音。

换了工作后，章明急于让别人认可自己，他生怕被别人轻看，于是拿出看家本领炫耀口才，每天都穿着品牌西服，打着昂贵的领带上班，一心想要让别人看到自己优秀干练的一面，没想到这么容易就被自己的属下看穿了，这让他感到非常尴尬。

自负并不是过度自信那么简单，在很多时候，它链接的是自信的反面——自卑。一个人把自己看得过高过重，就决不能容忍任何人轻看自己，为此常常会把自己伪装得强悍和咄咄逼人，自己辛苦自不必说，还让别人分外反感，实在是得不偿失。其实你不需要把自己看得高于别人或低于别人，不要把自己看成世界上最重要的人，毕竟谁都不是宇宙的中心，也不要把自己看得一文不值，因为每个生命都是值得尊重的，学会平视自己平视别人，你才能学会和平地和自己相处，平等地跟他人交往。

04. 相信自己，没有什么不可能

> 信心本身就是一种巨大的力量，它可以让柔弱者变得强悍，让怯懦者变得勇敢，甚至可以让奇迹降临，使不可能的事转化成可能。

在自信者眼中，一切皆有可能，在自卑者眼中，什么都不可能。自卑者认为自己什么都做不好，即使简单的事情也做不到，这类人就是习惯在自怨自艾中唱衰自己，事情还没有出结果就预言自己会搞砸，结果真的什么事都成为不可能了。一名学生认为自己不可能写出一篇合格的论文，结果真的因为论文水平太差而延迟毕业；一名求职者认为自己不可能得到一份稳定的工作，结果真过起了颠沛流离的生活；一名刚得到提拔的新人认为自己难以担当大任，事实证明他确实不适合目前的职位……其实这都不是什么神奇的预言，而是自卑者自编自导的剧目，如果你对自己没有信心，那么任何可能的事都会变成不可能。

可能和不可能都不是绝对的概念，它们代表的只是一定的概率，如果你认定自己什么都做不到，即使机会摆在你面前，你也把握不住。反之，如果你十分自信，认为自己能完成别人完成不了的任务，并为之拼尽全力，那么不可能也会向可能转化。

约翰·库缇斯刚出生时就有严重的先天性缺陷，他的骶骨没有发育，脊柱断裂，两腿畸形，整个身体只有可乐罐大小，一个鞋盒就能把他装下。医生断言他活不过一天，可是这个倔强的小生命不但活了下来，还在父母无微不至的关怀和鼓励下，顽强地长大了。

第七章
超越自卑，点亮心中自信的明灯

约翰·库缇斯不但学会了驾驶，还成为了一名了不起的体育健将，他会潜水，在澳大利亚残疾人网球赛上夺得过冠军，在全国健康举重比赛中获得过第二名的好成绩，还拿到了体育机构的奖学金及板球和橄榄球的二级教练证书。

约翰·库缇斯取得的成就真是太不可思议了，谁能想到这样一个小个子身体里居然潜藏着这么大的能量呢？他的父母从没有把他当成有缺陷的孩子看待，他也一直把自己当成正常人看。别人能做到的事，他相信自己通过努力也一定能做到，即便有些事情，对于残疾人来说几乎是不可能的。约翰·库缇斯不能正常行走，但他拒绝坐轮椅，外出演讲时，他总是用有力的双手支撑着整个身体前行，速度像豹一样敏捷，快速地穿过长长的甬道，然后一级级跃上台阶，坐在了演讲台上。这个弱小的半截人谈吐幽默，非常乐观和自信，虽然在成长的过程中，经历过无数痛苦的煎熬，他依然相信在这个世界上，没有什么是自己做不到的。

约翰·库缇斯记得，在他小时候，有一群调皮的孩子故意在他座位的周围撒了一些图钉，他用手支撑着身体移动时，尖锐的图钉扎进了他的双手，等他忍着剧痛到达医务室时，医生竟在他手上取出了19枚图钉。还有一次，一些坏孩子搞恶作剧，用胶带封住了他的嘴巴，又用绳子把他绑了起来，最后把他扔进了一个肮脏的垃圾桶里，并在里面点了火。约翰·库缇斯险些被烧死，后来是一位善良的女士及时发现了他，把他救了出来，为此他称自己是"全世界最幸运的人"。

约翰·库缇斯后来迷上了车，他曾非常努力地学习骑摩托车，在高速行驶的过程中他找到了飞一般的自由。他拥有的第一辆汽车是用自己打工的钱买来的，虽然是一个重度残疾人，他却从来没有怀疑过自己同样具有工作能力，就是凭借着这样的自信，他打了两份工，并用辛苦赚来的钱买下了一辆汽车。

绝大多数人的身体状况要比约翰·库缇斯好上很多倍，然而他能做到的事却是很多人都做不到的。原因很简单，他相信自己可以过上正常人的生活，并坚信自己能活出极致，所以他做到了，而很多人虽然拥有健全的身体，心灵却是残缺的，认为人人都能做好的事唯独自己不能，所以什么都做不到。俗话说，世上无难事，只怕有心人。只要你对自己有信心，再大的难事也有可能办好，因为信心本身就是一种巨大的力量，它可以让柔弱者变得强悍，让怯懦者变得勇敢，甚至可以让奇迹降临，使不可能的事转化成可能。

05. 你很渺小，同时也很强大

不要因为自己平凡和渺小而自卑，所有的伟大都是从平凡中诞生的，所有的强者也曾经渺小过。

有时候，也许你会觉得自己很渺小，在大千世界中，你只是千千万万中的平凡一员，在熙来攘往的街头上，你只是没有人留意的路人甲，你无力插手世界大事，也不是万众瞩目的名人，而且从未取得过什么傲人的成就，这一切都会让你生出一种无力感，使你无法肯定自己。其实渺小的人，如果拥有强大的内心一样可以变得十分强大，你仰慕的那些强者不是生来就强大，他们只不过比普通人多了一些自信，多了一些胆量，在经历一次次打击和磨难后，他们没有退缩，没有变弱，而是每一次都让自己变得更加强大。

人不是因强大而自信，而是因自信而变得强大。真正的强者不

第七章
超越自卑，点亮心中自信的明灯

是那种从来都不落泪的人，而是那种含泪奔跑的人，他们的内心也并非没有恐惧，没有失意，没有彷徨和无力感，你有的大多数情绪，他们同样有，所不同的是在任何情况下，他们始终相信自己可以战胜一切，所以他们成了最后的赢家。他们也曾经如你我一样平凡和渺小，但最后他们凭借着强大的信心，实现了自我超越，成为了人群中的精英。

王其善在年少时，只是一名普通的学生，那时的他不学无术，整天在学校混日子。15岁那年，他喜欢上了班里的一个女同学，给她写了一封情书表白心意，谁知她鄙视地看了他一眼后，竟把这封情书公然贴在了学校的宣传栏里。虽然宣传栏里有好几封他写的检讨书，可那封情书是唯一刺痛他的东西，他知道自己在她心目中有多么不堪了。从此他就像变了一个人，开始发疯似的学习，成绩直线上升，后来竟然考上了一所不错的大学。

22岁那年，王其善大学毕业，在一家事业单位谋到了职位，工作非常清闲，有大把的时间喝茶和看报纸。起初，他对这样的生活很是满足，觉得自己也没有太大的本事，平平凡凡地过日子也没有什么不好。直到有一天，他终于觉得再也不能混日子了，于是辞掉了工作，毅然去了深圳。

来到深圳后，王其善开始投简历求职。和一般求职者不同的是，他把目标锁定在了知名的外资企业上，即便那些公司没有刊登招聘信息，他依然想方设法把自荐信送到公司经理手上。外方经理觉得莫名其妙，直截了当地说："我们现在没有招聘需要。"王其善说："总有一天你们会招人的，到那时，我就是第一个应聘的人。"后来他被一家外企录用了，几年之后被调到了美国总部丹佛。

赴美上班的第一天，他热情地邀请新同事共进午餐，本来他是打算请大家吃饭的，可在结账时，同事们坚持按照AA制的方式各自结账，他想这并不是文化差异这么简单，但也没说什么，以后更加努力地工作。后来由于能力突出，他升职为技术总监，成为了全球第四大电脑公司的高层管理者。

  王其善的少年和青年岁月，和普通人并没有什么不同，他也曾是千千万万大众中渺小的一员，但是因为自强和自信，他成功改写了自己的人生，从渺小走向了强大，从平凡走向了卓越。不要因为自己平凡和渺小而自卑，所有的伟大都是从平凡中诞生的，所有的强者也曾经渺小过，强者之所以能成为强者，是因为他们不甘于永远弱小，坚信自己能成为强者。你现在很渺小，也许将来也很强大，相信自己，你的前程一定无限远大。

06. 永远不要低估自己改变未来的能力

> 不要低估自己改变未来的能力，未来就在你手中，把握好每一个今天，明天会更加美好。

  很多年轻人对于自己的未来感到悲观，因为不相信自己有能力改变命运。人们习惯用过去和现在来推演明天，仿佛一切都是预先安排好的彩排，而事实上，未来是个未知数，所有的推断和猜想都未必会变成现实。也许现在的你没有做出任何成绩，拿着微薄的薪水，扮演着小职员的角色，朝九晚五，默默无闻，想要安家只能望楼兴叹，想要大展身手，又觉得自己没机会，即便有了机会，又怀疑自己没有真本领。总之你不满现状，又不相信自己能改变现状，觉得眼前的一切将会定格成永远。

第七章
超越自卑，点亮心中自信的明灯

事实上，你在低估自己改变未来的能力，现在的你没有出头，不代表你将来也不能出头，更不意味着你一辈子都出不了头。世间万物都处在发展变化之中，你不应该用静止的眼光来看待自己，也许你觉得今天的你和昨天的你并没有什么不同，可仔细想想你会发现，现在的你已经和过去的你不一样了。同理，未来的你必然不同于现在的你，只要你不要相信宿命，努力改变命运，你就能开启崭新的人生。

特莱艾出身于非洲的一个贫穷的小村庄，因为当地重男轻女，她只读了一年小学就辍学了。父母只愿供哥哥上学，特莱艾小小年纪就成了家里的劳动力，负责各种家务活。她的人生很有可能就一生贫苦，毫无指望。可是特莱艾不甘心成为那样的人，她希望用知识改变自己的命运。每天哥哥放学回家，她都偷偷地让哥哥把从学校里的知识教给她，她还在平时做功课的石头上，用一张小纸写下了自己的四个梦想：出国留学、读学士、硕士和博士，她按照当地的传统把纸条装进了一个瓦罐里，并把它埋在了石头旁边。

后来，父亲把特莱艾嫁给了一个有严重暴力倾向的男人，十多年之后，特莱艾陆续有了五个孩子，她已经30多岁了，生活贫困，家庭不睦，过得十分不好。后来一个国际援助组织的志愿者来到了她生活的村庄，特莱艾向一位志愿者吐露了自己的四个梦想。

面对这个只有小学一年级文化的非洲妇女和她那近乎异想天开的宏大梦想，志愿者并没有嘲笑她，而是鼓励她实践自己的梦想，靠自己的努力改写人生命运。特莱艾抓住了改变一生的机会，她开始积极地参与国际援助组织的工作，用赚来的工资攻读函授课程，完成了从小学到高中文化课的学习。随后在国际援助组织的帮助下，她进入了美国俄克拉荷马州立大学学习，攻读本科。

怀揣着求学梦，特莱艾带着女儿和丈夫来到了美国，他们变卖了家里的牲畜，带着换来的 4000 美元开始了新生活。为了省钱，一家人挤在冰冷破旧的车式房子里艰难度日，没钱买饭，就捡邻居丢弃在垃圾桶里的食物果腹，这样的生活简直就像一场噩梦。丈夫受到恶劣环境的刺激，脾气变得更加火爆，他经常对特莱艾拳打脚踢。特莱艾一边忍受着家庭暴力，一边还要打工和学习，她缺少睡眠，神经高度紧张，总是饥寒交迫，没有任何迹象表明她的日子会越过越好。

因为交不起学费，特莱艾差点被学校开除，好在她的坚强和执着打动了一位学校的老师，他发动广大师生为她施以援手，解决了学费问题，当地的慈善组织和好心的超市员工为她提供了食品。就这样，特莱艾在社会各界力量的帮助下，成功完成了学业，她不但获得了学士和硕士证书，还攻读了博士，实现了自己儿时写下的四个梦想。

特莱艾的人生是跌宕起伏的，作为一个出生在非洲贫穷村庄的农家妇女，她的未来几乎一片黯淡，如果换作别人，恐怕会相信自己的人生在出世的那一刻已经被命运安排好了，于是放弃了一切改变命运的努力。特莱艾却从来都不肯屈从命运，在失学的情况下，坚持顽强自修，在长期贫困的生活状态下，坚持刻苦学习，最终靠知识成功改变了自己的命运。未来未必会按照既定的轨道发展，如果你选择提前放弃，那么你的人生便是自己选择的结果。其实未来是可以改变的，不要低估自己改变未来的能力，未来就在你手中，把握好每一个今天，明天会更加美好。

07. 像掘金一样挖掘你的潜能

只有相信自己的人，才能引爆潜能，使平凡无奇的自己爆发出惊人的威力来。

有一位作家说："人人都是天才。"其理由是每个人都有与众不同的一面或优胜于他人的地方。这种观点乍听起来有点夸张，仔细想想也有合理的成分。在学校里，学习成绩最差的孩子可能有音乐天赋或绘画才能，在公司里，业绩平平的员工可能写得一手好文章或者有其他方面的才干。

每个人都是一座宝藏，可惜不是所有人都擅长掘金，所以很多人的才华都被埋没了。人们不能充分挖掘自己的才能，主要是因为不够自信，很多人认为自己根本就不是金子，一辈子都发不了光。抱有这种想法的人潜能受到抑制，能量不能被开发和利用，自然做不出什么成就。只有相信自己的人，才能引爆潜能，使平凡无奇的自己爆发出惊人的威力来。

江美凤32岁那年下岗了，她的丈夫收入不高，儿子正在读书，下岗对于这个本不富裕的家庭来说无异于雪上加霜。她年龄偏大，又没有什么特别的技能，在劳动力市场上很难找到合适的工作，求职时她没少吃闭门羹，但为了这个家，她决不允许自己轻易放弃。为了贴补家用，她在街上摆起了一个早餐摊，每天早上天刚蒙蒙亮她就忙着做早点，然后带到大街上售卖。

自从摆起了早餐摊，江美凤的生活方式发生了很大改变，性格也变了，以前她每天都是七点半起床，一向不慌不忙的，而今她每天早上都在赶时间，刚刚五点钟就被闹钟吵醒了，起床之后就一刻不停地忙开了。以前她性格十分腼腆，每次领导让她在大会上发言，她都紧张得面红耳赤，讲话结结巴巴。而自从摆食摊以后，她的胆子变大了，每天都对着街上来来往往的人高声吆喝："油条，香喷喷的油条刚出锅啦！""干净卫生，好喝又营养的八宝粥啦！""新鲜的包子馅大皮薄，一元一个！"有时她还会编出各种朗朗上口的叫卖词，引得行人纷纷侧目，光顾她早餐摊的客人越来越多。第一个月，她就净赚5000多块，比她在厂里上班的收入至少高出2000块。初战告捷，江美凤异常开心，她从没想到自己还有做生意的本事。

由于早餐摊的生意越来越好，江美凤一个人忙不过来，她说服丈夫辞去工作，和自己一起做生意，丈夫同意了，夫妻俩齐心协力，生意越做越大。起初他们提供给顾客的食品比较单一，只有油条、包子和粥，后来早餐的花样越来越多，又新添了油饼、豆浆、豆腐脑、茶蛋等。他们的早点大受欢迎，所得的利润越来越多。

一年后，夫妻俩租了一个门面，开起了小吃店，不但卖早点，还提供各种餐点和饮食，一直忙到深夜才打烊。若干年后，他们有了很多个店面，盈利能力越来越强，分店变成了连锁经营的模式，渐渐拓展到其他城市。后来他们的小吃店在全国各地遍地开花，江美凤也从一个默默无闻的下岗女工变成了全国闻名的创业明星。在接受记者采访时她说："我从未想过能取得今天的成就，以前总认为自己很平庸，没有什么本领，觉得能有份稳定工作就很知足了。如果没有下岗，我可能一辈子都是普通工人，下岗之后，我好像变了一个人，忽然觉得自己完全可以做其他事情，有了信心以后，就真的做出了一番事业，这是我以前想都不敢想的。"

平凡的劳动者身上其实蕴藏着巨大的能量，有时候自己觉察不到，只有到了危急时刻，才能从安逸的生活中摆脱出来，唤醒内心沉寂已久的激情，引爆自己的小宇宙，释放出让自己吃惊的能量来。在现实生活中，你不可能时时处于危机中，所以你发现不了自己的潜能，但是只要你相信自己体内确实潜藏着一股不可忽视的能量，并以掘金的热情来挖掘它，你的潜能就能被开发出来，并为自己所用。

08. 要想华丽转身，你必须先相信自己

只有相信自己能赢，你才能有机会凯旋。

著名成功学大师卡耐基说："我想赢，我一定能赢，结果我又赢了。"说明只要你对自己充满信心，坚信自己会赢，就能把自己引向胜利。古今中外，但凡有大成就的人，都具备一个相同的特质，那便是他们全都超级自信。在当今时代，那些赫赫有名的企业家、雷厉风行的职场精英、才华横溢的艺术家、舌绽莲花的演讲大师无一不是自信满满、干练洒脱的，他们并非没有失败过，相反，他们失败的次数可能比普通人还要多。但无论经历多少无情的打击，他们始终相信自己能做得更好，凭借不懈的努力，最后实现了华丽的转身。

现在的你可能处于失意的状态中，正经历着失业或者创业失败，也有可能在职场上接连败绩，至今没有获得崭露头角的机会。你或许每天都在想如何东山再起或咸鱼翻身，但对未来感到无限茫

然，没有信心能打一场胜仗。这种状态对于你将来的发展是非常不利的，因为如果你不相信自己，赢的概率就非常小，只有相信自己能赢，你才能有机会凯旋。

保罗是一家手机店的推销员，他相貌平平，性格木讷老实，经常被同事取笑和欺负。他太普通了，又比较沉闷，所以几乎没有人注意到他的喜怒哀乐。和其他同事相比，保罗的业绩属于中等偏下，老板给很多推销员涨了薪水，却从没有给他加过薪。保罗觉得自己的人生很失败，他多次想过辞职，可是因为觉得自己没有本事找到更好的工作，他不得不勉强留在现任的岗位上。

保罗工作不顺，厄运又接二连三地袭来，几乎就要将他拖垮。因为盲肠破裂，他不得不住院开刀，手术刚结束，医生又在他的肾上腺上发现了一个肿瘤，于是他又经历了一次开刀。两次手术刚刚痊愈，他又不小心跌了一跤，锁骨骨裂。因为长期休病假，他被辞退了。躺在病床上的保罗心情一度抑郁。他不清楚自己将来还能做什么，也不知道该何去何从。有人给他取了"倒霉鬼"的绰号，还有人讥笑他，说他是"一个身材矮胖、长着一口烂牙的土豆"，保罗也觉得自己一无是处，甚至悲观地认为自己一辈子都不可能翻身。

辗转于床榻的保罗，心情越加烦闷，为了让自己能稍微开心点，他试着自己编些曲子哼唱。有一天他闭着眼睛在哼歌，恰巧被一位来探望他的朋友听见了。朋友问："你哼的是什么歌？曲调听起来很特别，我从没听过这样的曲子。"保罗说："是我自己编的曲子，只是哼唱着来解闷罢了。""真想不到你还有作曲的才华，你为什么不试试朝这个方向发展呢？"朋友说。"你是说我有可能成为一名作曲家？"保罗被朋友的建议吓到了。"你编的曲子确实不错，我对你有信心，但你得对自己也有信心，才能编出更好的曲子。"朋友中肯地说。朋友离开后，保罗陷入了深深的沉思，朋友的声音时时回响在他的耳畔，他觉得自己必须改变现状，充满信心地开创新生活，而作曲就是最好的突破口，那是他所擅长的。接下来的日子里，保罗把所有的精力都投入到了作曲上，他写出了一首又一首清新优美的曲子。几年之后，他成了当地最有名的作曲家。

每个人都不可能一生一帆风顺，在人生的不同阶段免不了遭遇一些挫败和坎坷，如果你一直怀疑自己的能力，被深深的自卑感控制，必然会一事无成。反之，如果你对自己拥有信心，能以积极的心态应对人生的各种挑战，就有可能华丽转身，做出一番惊人的业绩来。信心是事业的基石，没有自信，做什么事情都不可能成功，而一旦你有了自信，就会所向披靡、无往而不胜。

09. 用自信的翅膀逆风飞翔

> 真正打败一个人的，并不是眼前不可逆转的逆境，而是信心的丧失，没有信心，便没有冲出逆境的动力，暂时的逆境就有可能成为永久的逆境。

人在顺境中，自信天成，任何一个处在事业巅峰的人都是意气风发、精神昂扬的，可是一旦陷入逆境，自尊心和自信心受到打击，很多人都会变得颓靡不振。有句格言说："逆风的方向更适合飞翔。"可是大部分人宁愿顺风顺水，也不愿接受逆风的挑战，因为没有信心和恶劣的环境相抗争。

观察一下周围的世界，你会发现能逆风飞翔的人少之又少，一个破产的企业家需要经历很长时间的调整，才能有信心重返商场，一个职场的落败者也需要经历漫长的等待，才能重新找到自己的位置，这都是自信心发生动摇的结果。还有的人在企业没有倒闭前就乱了阵脚，在还没有失业之前就做了最坏的打算，以至于影响了正常的工作进程。其实，逆境并不是绝境，它是对勇气和自信的一种现实考验，身处逆境，你一定不能灰心，而要对自己对未来充满信心，以自强不息的精神继续奋斗下去，努力搏出一片蓝天。

瑞士埃尔德集团是一家收银机经销公司，公司在创立之初，受到竞争对手的攻击，一时谣言四起，到处都在盛传该公司陷入了财务困境。消息在公司内部传开以后，业务代表们信心锐减，销售业绩一再下滑。公司领导多次出面辟谣，可员工们都对公司失去了信心，经营业绩还在继续滑坡。

有一天，公司总裁查菲尔召集了所有业务代表开会座谈，有一个业务代表说："我负责的地区遭受了百年不遇的旱灾，商业环境不景气，不少商家的生意都受到了严重的影响，谁还会去购买收银机呢？"还有一个业务代表说得更直接："听说公司资金周转困难，资金链随时都有可能断裂，我们的工资都有可能发不出，我哪有心思拓展业务呢？我现在想找一家效益更好的公司。"

查菲尔听完代表们的发言，略微沉思了一会儿，说："现在请大家安静下来，我想请各位擦皮鞋，随后还有更精彩的节目等着你们。"业务代表们不清楚查菲尔究竟想干什么，只见门口的那个擦皮鞋的小男孩被叫了进来，查菲尔把脚伸出来任由男孩擦拭自己的皮鞋。随后，查菲尔和男孩聊了起来："小朋友，你几岁了？擦一双鞋要收多少钱？"男孩回答说："我今年9岁了，擦一双鞋收50美分。""以前在你擦鞋的位置有一个比你稍大一点的男孩，他为什么走了？"查菲尔继续问。"他嫌这里不好做，就离开了。"男孩说。

第七章
超越自卑，点亮心中自信的明灯

业务代表们听见这一番对话，纷纷交头接耳、议论纷纷，有人忍不住问男孩："你为什么还要留在这里呢？在这里工作能维持生计吗？"男孩说："我赚的钱够用，而且还能攒下零花钱呢。每个星期我交给妈妈10美元当作生活费，把5美元存进银行，2美元当零花钱。不到一年时间，我就能用存款买一辆自行车了。"男孩擦完鞋后，查菲尔给了他1美元的小费，男孩高兴地道完谢，离开了办公室。

查菲尔目送男孩出门，然后转身对业务代表们说："你们一定都见过那个比他稍大的男孩，那个男孩待人冷漠，对生活对自己都没有信心，所以看到行情不好，就马上离开了。而刚才那个男孩乐观、自信、真诚，对未来的美好生活充满期待，虽然现在他只是一个擦皮鞋的孩子，将来却很有可能大有作为。"业务代表们听了查菲尔的一席话，深受启发，第二天他们满怀信心地回到了自己负责的区域，努力提升销售业绩。过了一段时间之后，公司的经营业绩连连攀升，埃尔德集团进入了快速增长时期，后来成为了全球首屈一指的收银机公司。

真正打败一个人的，并不是眼前不可逆转的逆境，而是信心的丧失，没有信心，便没有冲出逆境的动力，暂时的逆境就有可能成为永久的逆境。只有插上自信的翅膀，才能勇敢地逆风飞翔，飞跃所有的困难和阻遏，迎来一片崭新的天地。

10. 在尝试中寻找信心，在冒险中寻找突破

> 成与败本是一线之隔，敢于冲出那条分割线，你就能找到人生的重大突破，反之，你的人生就有可能永远停滞不前。

自信并不是与生俱来的，而是在尝试和体验中获得的，因此具有一定的冒险精神就显得尤为重要。在成长的过程中，每个人都或多或少地有过一些冒险的体验，婴幼儿时期，我们敢于冒险站起来学习走路；年纪稍大时，我们冒险学骑自行车或者尝试其他运动；长大之后，我们冒险学习开汽车，甚至学跳伞……我们在一次次冒险尝试中奠定了对自己的信心，从这个角度来说，冒险有助于我们增长自信。然而有的人缺乏勇气和冒险精神，一生只做有把握的事，由于过度谨慎和保守，错失了很多大好机遇，这是非常遗憾的事。其实人生处处都有风险，成与败本是一线之隔，敢于冲出那条分割线，你就能找到人生的重大突破，反之，你的人生就有可能永远停滞不前。

比尔·盖茨一手打造了自己的微软帝国，在激烈的商业竞争中缔造了属于自己的传奇，在总结自己成功的秘诀时，他首推的是冒险精神。比尔·盖茨认为任何伟大的事业都离不开冒险精神，如果一个机会没有伴随任何风险，那么这样的机会通常不值得耗费心思去尝试和把握。他坚信有冒险的机会才能使事业更上一层楼，而挑战风险也会使人生更加有趣味性。

比尔·盖茨是一个天分极高，热爱冒险，自信心很强的人，正

第七章
超越自卑，点亮心中自信的明灯

是基于这种人格特质，他在电脑技术领域取得了无可匹敌的地位。事实上，比尔·盖茨从学生时代就开始培养自己的冒险精神了。他在哈佛读大学的第一年制定了一个学习策略，多数课程都逃课，临近期末考试时再努力恶补知识，他想通过这种方式来测试如何花更少的学习时间拿到最高的分数。后来他把这套策略运用到商业运作上，发展成用最少的时间和成本获得最快最高的回报。

比尔·盖茨致力于培养自己自信果断，敢于冒险的性格，长大以后，他成为令所有竞争对手都害怕的人物，因为他善于把握机遇，不惧风险，不服输、不退缩，不达目的不罢休，所以一个个对手都败给了他。比尔·盖茨从来都不安于现状，即使多次蝉联世界首富，他依然野心勃勃地驱使自己继续冒险事业，在接受记者采访时他说："我最害怕的是满足，所以每一天我走进办公室时都自问，我们是否仍然在辛勤工作？有人将要超越我们吗？我们的产品真的是目前世界上最好的吗？我们能不能再加点油，让我们的产品变得更好呢？"．

在生活中，比尔·盖茨同样是个爱冒险的人，他喜欢速度超快的游艇和汽车，通过这些刺激的运动，来锻炼自己冒险的性格，那风驰电掣的速度不仅能给他带来快感，而且能激发他的无限潜能，使其不断超越自我，完成一项项个人壮举。比尔·盖茨经常一个人驱车到荒凉的大漠旅行，一个人架着飞机飞越崇山峻岭，一个人驾驶游艇在茫茫大海上航行。他时时刻刻都在磨炼自己，所以他总能在新的冒险中实现自我突破，成为商场上不败的神话。

风险和收益在一定程度上是成正比的，只有敢于冒险才能获得机遇的垂青。敢想敢做的精神会赋予一个人热情、活力和信心，畏首畏尾什么都不敢做的人，永远都不可能树立自信心，事业也不可能有新的进展。我们生活在一个充满风险的环境里，想要百分之百地摆脱风险几乎是不可能的，有时候不去冒险反而会给自己带来更大的风险，在激烈的市场竞争中，狭路相逢永远都是勇者胜。作为年轻人，不能过于保守和怯懦，而应该该出手时就出手，果断地抓住机遇，在尝试中寻找信心，在冒险中寻找突破，迎难而上，砥砺风雨，铸就属于自己的辉煌。

第八章
心态决定命运，改变心态改变一生

一位哲人曾经说过："你的心态就是你的主人。"在现实生活中，你不能控制自己的际遇，却可以改变自己的心态，你不能改变别人，却可以驾驭自己。如果你把生命中的起起落落看得太重，把人生想象得太过苦涩，那么生活中永远都不会有欢笑。世间少不了风霜雪雨，人生少不了酸甜苦辣、悲欢离合，得意与失意，拥有与失去，是快乐地活，还是痛苦地哭泣，主要取决于你的心态。

你的一生是悲剧还是喜剧，皆在于内心，无论经历了什么，都不要让自己的心灵有太多的负累，而要适时地给心灵松绑，保持一颗平常心，即使遭遇了不幸也不要怨天尤人。时时调整自己，激励自己和抚慰自己，你就能冲破生命之茧，抵达幸福的码头。

01. 生活不是甜点，也不是黄连，苦乐参半才是人生常态

> 生活既不是可口的甜点，也不是苦涩的黄连，而是有苦乐相伴的，不要因为生命中的苦，而忘记了那些点点滴滴的甜。

我们知道生活不可能尽如人意，人生也不可能完美无缺，真实的生活是五味杂陈的，真实的人生是苦乐参半，存在各种缺憾的。踌躇满志的你可能怀才不遇，曾经深爱的人可能和你不欢而散，有些朋友因为这样或那样的原因可能同你分道扬镳，或许你饱尝过人生的苦涩，经历过种种的不如意，便觉得人生像黄连一般苦，完全感觉不到生活的甜美。

人生虽有种种无奈和心酸，可它既不是自始至终的悲剧，也不是彻头彻尾的喜剧，而是一出充满了悲欢离合的悲喜剧。生活既不是可口的甜点，也不是苦涩的黄连，而是有苦乐相伴的，不要因为生命中的苦，而忘记了那些点点滴滴的甜。没有事业，你还有青春、有健康、有家人，失去恋人，你还有朋友，失去朋友，你还有自己，世间没有任何悲苦是你熬不过的，而生命中的甜美和幸福的点滴才是最值得你去珍惜的。

曹茂文的人生正在走下坡路，他的事业遭遇了滑铁卢，公司虽然尚未倒闭，可因为经营管理出现了重大问题，背负了巨额债务，几乎每隔几天就有人临门讨债，这让曹茂文非常郁结。他是白手起家，20岁那年，他怀揣着500元到异地谋生，什么苦活累活都干过，后来走上了艰难的创业道路，好不容易把公司做强做大了，而

第八章
心态决定命运，改变心态改变一生

今眼看一切都即将成为泡影，他感到无比心焦。

想起自己日夜奋战的经历，再看看现在的情形，曹茂文心里有说不出的苦涩，随着讨债的人越来越多，他不得不找一个僻静处躲了起来，虽没有了外人的滋扰，他的心情还是无比郁闷。谁能眼睁睁地看着自己付出血汗创出的事业化为乌有而无动于衷呢？每当想起事业的惨败，曹茂文就忍不住长吁短叹。他甚至在质问命运，为什么要让自己的人生这么苦涩？从小他就饱尝人间心酸，所以发誓一定要出人头地，后来他实现了自己的理想，可惜理想最终还是破灭了。现在的他又回到了两手空空、一无所有的状态，他接受不了这个残酷的现实，没过多久就病倒了。

曹茂文卧床不起的时候，贴心的挚友并没有因为他事业上的失败而疏远他，反而对他更加关心了，不但经常带着水果来看望他，还苦口婆心地劝慰他要乐观面对人生。曹茂文觉得很感动，虽然有些朋友在他失势后远离了他，但真正的朋友在任何时候都不会背弃他。所谓真金不怕火炼，真正的友情是经得起现实的考验的。本来冷清的房间里，因为有了朋友们的欢声笑语，显得格外热闹，曹茂文的心态也渐渐有了好转。

父亲听说曹茂文在事业上遇到了重大挫折，不远千里来到了儿子身边，用最朴实的亲情温暖着儿子的心。曹茂文年少时非常叛逆，和父亲相处也不是很融洽，家的概念在他的脑海里是十分模糊的。但自从生了这场重病，父亲寸步不离地留在自己身旁照料，父子俩的关系才更近了一步。曹茂文没有想到自己在最倒霉的时候居然能重拾曾经失落的亲情，这也算因祸得福吧。

因为心态的好转，曹茂文的身体慢慢好起来了，可就在他快要痊愈时，女朋友却突然提出分手，他没有出言挽留，只是默默地看着她远走，心里感到无限悲凉。对于爱情，他感到心灰意冷，他极端地想，再美好的爱情也经不起现实的考验，缘分尽了也便尽了，他不会再对其抱有希望了。正当他郁闷难当时，经常给他打针的小护士却向他表白了心迹，其实他对小护士也有些许好感，只是认为自己什么都失去了，年龄又比较大，没有信心再经营新的感情。小护士却不在乎，她只是觉得他是一个性情温和、踏实善良的人，所以即便他一无所有，也愿意伴其终老。

曹茂文身体康复后，又开始了新的生活，虽然他的公司还没有摆脱困境，讨债的人还在催债，但他的心态已经大为改观，他觉得人生并不像他想象得那么苦涩和绝望，即使他失去了曾经辛苦经营的一切，他还是能在世间感到温暖和幸福的。通过命运的考验，他找回了亲情，辨清了哪些人才是自己的至交，而且重新找到了爱情。他觉得人生不完全是痛苦，苦中也有甘甜，苦乐相伴才是人生常态。

俗话说，人生没有吃不了的苦，只有享不了的福。快乐和痛苦是携手并存的，我们不能只对痛苦敏感，也要学会苦中作乐，更要珍惜幸福的每一个瞬间。其实快乐不需要费尽心力地寻找，它就环绕在我们身边，只要用心体会，你就能感知到它的存在。人生路漫漫，苦与甜、喜与忧掺杂相伴，不要用非黑即白的眼光看待它，而要学会超越痛苦和烦忧，把握幸福的分分秒秒。

第八章
心态决定命运，改变心态改变一生

02. 如果上帝抛给你一个酸涩的柠檬，请把它榨成甘美的果汁

> 假如生命给你的是酸苦，你就要自己制造出甘甜来。

如果上帝抛给你一个酸涩的柠檬，那么就请把它榨成一杯酸甜可口的柠檬汁吧。假如生命给你的是酸苦，你就要自己制造出甘甜来。酸柠檬榨汁，添加糖和蜂蜜后，不就变成了生津止渴、味道甘美的柠檬汁了吗？可在现实生活中，人们总是抱怨命运抛给自己的愁苦和艰辛，而少有人把苦日子变甜。我们常听到有人唉声叹气，说自己的命是如何如何不好，总是扮演受害者的角色，仿佛全世界都对他有所亏欠。而有的人即使不曾被命运眷顾过，却能以乐观向上的态度对待人生，把原本苦涩的生活过得有滋有味。

瑟尔玛·汤普森嫁给了一名军人，婚后她的丈夫赴命驻防加州沙漠，为了能和丈夫相聚，她毅然抛弃了舒适的城市生活，迁居到了陆军基地附近。虽然和丈夫的团聚，让瑟尔玛·汤普森十分开心，但艰苦的生存环境，却让她很不适应。大部分时间她一个人待在蒸笼般的小房子里，四周除了飞沙走砾什么都没有，大漠的荒凉和酷热，令她难以忍受，而且她找不到一个可以倾心交谈的人，感到分外孤独。

瑟尔玛·汤普森心情极度低落，她每日自怨自艾，后来忍不住写信向父母诉苦，她对父母说她实在在沙漠里待不下去了，一分钟也不能忍受这个鬼地方了，她要马上回家。父亲的回信很简洁，只有三行字，但就是这简短的三句话彻底改变了瑟尔玛·汤普森对待人生的态度。信中是这样写的："有两个人从铁窗朝外望去，一个人看到的是满地的泥泞，另一个人却看到满天的繁星。"

瑟尔玛·汤普森反复读着书信中的三句话，心中豁然开朗，她不再抱怨目前的处境了，而是试着寻找泥泞之地上面的一方星空。她开始尝试着和当地居民交往，不再扮演孤独的受害者的角色，当地人的淳朴和热情深深感染了她，双方很快就建立起了友谊。瑟尔玛·汤普森很喜欢具有当地特色的编织和陶艺，很想把这些宝贝买下来，但这里的居民早已把她当成了朋友，慷慨地把自己辛苦制作的精美工艺品免费赠送给了她，这让瑟尔玛·汤普森分外感动。

瑟尔玛·汤普森改变心态后，对沙漠的自然环境也改变了看法。她开始研究各种各样的仙人掌和其他植物，还经常观察可爱的土拨鼠，在她看来，这一切都是那么新鲜那么有趣。到了日落时分，她静静地观赏黄昏中的沙漠奇景，寸草不生的戈壁在夕阳的照射下也变得温柔和美丽起来，她突然发现沙漠是那么美。有时，瑟尔玛·汤普森会到处搜寻300万年前的贝壳化石，因为这片浩瀚的沙漠在300万年前曾经是一片汪洋，沧海桑田的变化很是神奇。瑟尔玛·汤普森发现自己越来越喜欢这里了。

是什么彻底改变了瑟尔玛·汤普森的生活呢？她眼前的一切并没有发生改变，小屋依旧简陋，里面奇热难当，附近除了风沙别无所有，在沙漠中的她依然是个异乡人，她所处的环境其实一点都没有变，只是她的心境变了，所以一切都不同了。瑟尔玛·汤普森甚至觉得自己在沙漠中的生活是一段精彩的人生经历，她对于自己的变化感到十分欣慰，于是规划着把这种人生体验写成一部小说，讲述的便是主人公如何逃离自筑的牢笼，找到美丽星辰的故事。

如果命运赐给别人的是可口的柠檬汁，给予你的却是酸涩的柠檬，不要感到失望，也不要忌妒别人，而要学会在榨取果汁的过程中汲取点滴幸福,像瑟尔玛·汤普森那样从恶劣的环境中寻找点滴乐趣。不要羡慕享受安逸生活的人,你和他们沐浴着同样的阳光,他们有他们的人生,你也有你的人生,只要改变心态,再艰苦的生活也能榨出甘美的汁液来。因为苦辣酸甜的感受不仅来源于外界的刺激,更来自于你内心的感应,如果你的内心洒满了阳光,那么人间处处都是鲜花和绿叶,生活处处都是甜美。

03. 与其整天抱怨,不如努力奋斗

> 不要抱怨老天厚此薄彼,亏欠了你什么,虽然起点你无从选择,可路程却是自己可以设计的,你人生的终点取决于你自己。

诚然,世上没有绝对的公平,连微软总裁比尔·盖茨也说:"世界是不公平的,习惯去接受它吧。"向世界讨要公平是徒然浪费时间,因为客观世界本来就是不以人的意志为转移的,与其愤世嫉俗,还不如省省力气,把时间和精力都投入到拼搏奋斗上,充当新时期的"奋青"。

袁亮出身于一个普通的工人家庭,家境一般,他靠自己的努力一步一步地实现了人生目标,从一名籍籍无名的小职员变成了大型跨国集团的高层管理者。有一次,他因公差来到了上海,计划与美国的一家建筑设计公司的老板洽谈业务。办完公事后,他在上海的一家酒店入住了一晚,第二天就到服务台落实到机场的交通安排。袁亮要想赶上飞机,必须在次日的清晨离开,他担心找不到出租车,前台的服务员说想要及时叫到车,可以预定。

为了赶上航班，袁亮预定了一辆出租车，次日清晨退房后，他所预定的出租车如约赶到了酒店门口。上车之后，袁亮的心才真正安定下来。出租车司机是一位略微发福的中年男士，两鬓已经有了不少白发，他操着一口带有上海口音的普通话，愉快地说个不停，看来他是个非常健谈的人，而且心情很不错。他帮袁亮安置好物品后，就驱车驶向了通往机场的高速公路。

司机对袁亮说他很喜欢载像袁亮这样的远程客，因为收益十分可观。当谈起自己的人生经历时，他开始变得愤世嫉俗了。其实司机和袁亮是同代人，年龄仅相差一岁，家庭条件也差不多。通过交谈，他们发现了彼此有很多相似之处，司机用不可思议的眼光打量着袁亮："你看起来那么年轻，我真不敢相信你比我还大一岁。"也许是奔波的生活让他提前苍老了吧，司机想到两人鸿沟般的差距，又开始愤愤不平了："咱俩的人生起点都差不多，可今天你成了商务精英，而我只是个出租车司机。"

"我只是运气比较好罢了。"袁亮想要安慰司机。"不，你靠的不是运气，而是自己的努力。"司机说，"其实我们在学校里学的都是理论知识，到了社会上都得从零学起，你能有今天，完全是靠自己的努力。"接着他又谈起了自己的过往，他说自己当年读书非常用功，可惜最后高考落榜了，经历那次打击后，他便灰心丧气了，从此开始浑浑噩噩地过日子。因为生活不如意，他越来越愤世嫉俗，看到别人过得比自己好，他就觉得是命运厚待了别人，亏待了自己，于是整天义愤填膺，转眼间就已人到中年，变成了现在的模样。其实袁亮当年高考也落榜了，由于家境贫寒，他连复读的条件都没有，可是他没有向命运屈服，而是靠自己做苦工积攒学费和生活费，后来终于圆了自己的大学梦。大学毕业那年，他一无所有，和那些家境优越的同学是比不起的，在职场摸爬滚打这么多年，他可谓是历尽艰辛，也吃了不少苦头，可最后终于苦尽甘来，做出了一番成就。

司机听完袁亮的讲述后，懊悔地说："如果我当年也像你那么努力，不把大把的时间浪费在抱怨上，也许就不至于像今天这样了。可惜人生没有如果，现在后悔也来不及了。"

两个起点相同、条件近似的人，却活出了两种截然不同的人生，其主要原因是一个终日愤世嫉俗、不思进取，而另一个接受现实，自强不息，对人生不同的态度造就了不同的命运。其实起点如何并不重要，不要抱怨老天厚此薄彼，亏欠了你什么，虽然起点你无从选择，可路程却是自己可以设计的。你人生的终点取决于你自己，与其整天一肚子怨气，什么事情也做不成，还不如发愤图强，尽最大的努力改写自己的人生，活出属于自己的精彩。

04. 如果你知道自己要去哪里，全世界都为你让路

> 你不知道自己要去哪里，人生路上处处都是阻碍，只有你知道自己前进的方向，世界才会为你让步。

世上有两种人，一种人有明确的人生目标，知道自己要去哪里，能步步为营地实现自己的理想。比如一个想做高管的人，计划先读 MBA，然后在职场上磨砺自己，将优秀理念和社会实践慢慢结合起来，实现一步步的晋升，直到达成自己的人生目标。另一种人呢，不知道自己想要什么，人生完全没有规划，走一步算一步，留下的足迹是一片混乱的轨迹。由于不清楚自己喜欢什么，想要追

求什么，所以一直处于一种随遇而安的状态，即使小有成就，也会有一天会发现目前拥有的一切根本就不是自己真正想要的。其实不仅刚毕业的大学生会遇到这类状况，即使工作多年的职场人士也会有相同的烦恼，不知自己该走向何方，也不知道该向哪个方向努力，在混乱和茫然中迷失了自我。

郭莹在客服岗位上已经做了整整八年了，已经31岁的她很清楚自己没有希望升职了，摆在她眼前的有两条路，要么转行，要么一辈子做客服。郭莹不甘心一辈子就这样平庸下去，于是产生了转行的想法，可是隔行如隔山，她根本不知道该朝哪个方向发展。因为心里没有规划，她不敢贸然辞掉工作，每天还是过着按部就班的生活，心情却越发烦躁不安。每当夜阑人静的时候，她就感到惆怅不已，她不清楚未来的出路究竟在哪里，她觉得自己就像一只没有罗盘指引的船，长年在海上漂泊着，似乎永远也靠不了岸。

郭莹认为再这样拖下去也不是办法，人年纪越大越是不敢冒险，还不如趁自己还算年轻时放手一搏，于是她辞去了工作，决定像试吃食品一样尝试不同的行业，以此确定自己全新的职业生涯。她先后做过行政助理、话务员、销售代表、财务人员和咨询顾问，每份工作都没有干长，她从任何一个工作岗位上都没有找到自己的职业兴趣，所以遇到点困难就放弃了。至于将来要何去何从，郭莹又感到茫然了，兜兜转转一大圈她似乎又回到了原点。

如果连你自己都不知道自己想要什么，那么你怎么可能过上理想的生活呢？倘若未来的人生在你的脑海里完全是模糊的，你又如何着手勾勒它的图景呢？只有你自己树立明确的人生目标后，才能确定前进的方向，达成自己的目标。你不知道自己要去哪里，人生路上处处都是阻碍，只有你知道自己前进的方向，世界才会为你让步。

第八章
心态决定命运，改变心态改变一生

曾一凡是一名职业设计师，从小最大的爱好就是画画，他的理想是成为一名漫画家，可是这个理想不是那么容易实现的，为了维系正常的生活，他不得不退而求其次，在一家设计公司工作，过着规律的朝九晚五的生活。虽然曾一凡暂时实现不了人生理想，但他从来没有想过放弃，而是制订了一系列的计划，他给自己设置了闹钟，每天天刚亮，就快速起床，看漫画书和画漫画，然后是洗漱、上班，下班之后回到家里继续钻研漫画。

曾一凡给自己制定的目标是每天完成一幅有创意的漫画作品，随时捕捉脑海里电光石火般闪过的灵感，他提起画笔一画就是一两个小时，后来还把创意画当成了自己的特色日记，用漫画来记录自己生活中的点滴。随后他把自己的多幅漫画传播到了网络上，吸引了不少漫画杂志的编辑。之后他走上了职业漫画家的道路，所创作的作品在各种大赛中拿到过重要奖项，他终于实现了自己的人生理想，成为了漫画界的一颗冉冉升起的新星。

千里之行始于足下，你只有弄清自己的发展方向，才能沿着目标轨迹走向坦途，没有人可以为你确立风向标，站在人生的岔路口上，你未来的道路只能由你自己选择。有时候让你迷失方向的并不是复杂的环境和沉重的压力，而是你自己内心的茫然，如果你内心洞明，知道自己该去往何方，那么未来的旅途哪怕有万里之遥，你也能到达目的地。

05. 只要心是晴的，人生便没有雨天

> 只要你静下心来，用乐观的态度去审视自己走过的路，就会发现风雨过后的彩虹，学会微笑着面对生活，人生日日是晴天。

汪国真说："心晴的时候，雨也是晴；心雨的时候，晴也是雨。"或许你无法改变现状，但可以改变人生观；或许你无法改变风向，但可以调整风帆；或许你无法让雨停下来，但可以为自己的心灵遮把伞。长大意味着独自承担很多事情，刚出校门时你只是一个懵懂无知的青年，走上工作岗位以后各种现实的压力迎面而来，让你招架不住，令你无所适从。在社会上跌跌撞撞，每走一步都那么艰辛，无论多么努力似乎都没有办法达成自己心中的期许，为此你感到无限茫然，觉得生活总是乌云密布，有时还阴雨连绵，天空似乎总没有放晴的那一天。其实无论晴还是雨，都是心态在作怪罢了，只要你静下心来，用乐观的态度去审视自己走过的路，就会发现风雨过后的彩虹，学会微笑着面对生活，人生日日是晴天。

有两位青年一起到一家公司求职，第一位求职者来到办公室后，经理问道："你觉得你原来工作过的公司怎么样？"求职者直通通地抱怨道："嗨，那里糟透了，工作环境差，办公设施陈旧，工资又低，每个人都面无表情地低头工作，整个公司暮气沉沉。在那里上班让人感到十分压抑，所以我才会辞掉工作，重新找工作。"经理听罢，十分遗憾地说："恐怕这里也不是你

第八章
心态决定命运，改变心态改变一生

心目中理想的乐土。"年轻人明白了经理的意思，悻悻地走出了办公室。

第二位求职者走进办公室后，也被问到了相同的问题，他回答说："我原来工作的公司其实挺好的，同事和睦，领导也关心下属，整个公司气氛融洽，我在那里工作的时候心情是很愉快的，如果不是为了更好地发挥自己的特长，我真不会辞职离开那儿。"经理对这位求职者的答案感到满意，当即宣布说："你被录取了。"

一味抱怨的悲观者，看到的总是事物灰暗的一面，即使外面风和日丽，其内心也是阴霾一片，这类人找不到真正的精神花园，也得不到快乐，带着负能量工作，也很难做出什么成绩。而积极的乐观者，总能看到事物美好的一面，他们能发现乌云背后的阳光，即使碰上恶劣的天气，也会从容地擎着伞从风雨中走过。这样的人无论在工作和生活中遇到多少困难，都能坦然面对，在正能量的驱使下，他们多数都能成就自己的人生。

杨雪毕业那年，就业形势非常严峻，她的同学都漫天撒网似的投简历，面试的机会却仍然不多。杨雪在投递了几十份求职信之后，终于得到了一家公司的回复。当她满心欢喜地带着简历前去应聘时，却发现公司的门口早已聚集了几十名求职者，她没想到竞争居然如此激烈。经过初试之后，多数求职者惨遭淘汰了，杨雪幸运地进入了下一个环节的测试，招聘方要求进入该环节的应聘者在人力资源部实习三天，然后根据他们的表现决定其去留。

杨雪接到的第一项任务是整理公司去年的部分文件。整整忙碌了一天，临下班时，人力资源部突然宣布暂停招聘新员工。参加实习的求职者，听到这个消息，顿时受到了打击，有的气愤不已，径直走到人力资源办公室，对招聘方表达抗议，有的待在原地大声抱怨："真是倒霉透了，找份工作怎么就这么难呢？好不容易通过了初试，又辛辛苦苦地忙了一天，他们现在突然说不招人了，这不是耍我们吗？"大家有的愤愤不平，有的唉声叹气，只有杨雪还在不声不响地整理着文件。

求职者全部离开后，人力资源部经理发现仍在忙碌着的杨雪，忙客气地说："真抱歉，让你白忙了一天，这是总公司临时的决定……你快回家吧，明天不用来了。"杨雪说："没关系，还差一点我就整理完了，其实我不算白忙，这是我第一次整理公司文件，也算为自己积累点经验吧。"杨雪当天不但把电脑里的文件整理得规规矩矩，还把装订好的文件夹摆放得整整齐齐，临走之前又把办公桌擦拭了一遍。两个月后，那批求职者还在为找工作奔忙，而杨雪却接到了人力资源经理的电话，他说公司人力资源部正缺一名助理，希望她能前来就职。就这样，杨雪成了这家公司的正式员工。

杨雪和其他求职者在面临同样的情况时，不悲观不抱怨，而是用积极的方式来解读发生在自己身上的事情，别人感到气愤或者失望，她却认为这次的经历有助于自己增长社会经验，正是她身上的这股正能量打动了应聘方，使其成为了公司招募的人选。我们常说心态决定命运，在很多情况下，好心态比能力都要重要，只要你的心是晴的，世间的风雨根本就阻挡不了你的脚步，保持乐观心态，前方到处都是灿烂的阳光。

06. 以平常心看待成败得失

> 只有拥有平常心的人，才能笑看云卷云舒，成功驾驭人生。

很少有人能用平常心来看待成败得失，志得意满的人总是春风满面，生活失意的人总是垂头丧气，对于拥有的东西人们往往不知道珍惜，失去了又追悔莫及，人们对待成败得失的态度都是大喜或大悲，鲜有人具有超脱功名利禄的大悲悯和大情怀，因此平常心就显得尤为可贵。

平常心贵在心态恒定，始终如一，拥有这种心态的人知进退、懂取舍，业有所成时不得意忘形，人生陷入低谷时也不懊丧颓废，无论得到与失去都能处之泰然，最重要的是能坦然面对现实并接受它，时时给自己一份好心情，以积极的姿态来应对人生的挑战。

尤金个头矮小，身高只有一米六，然而他的弹跳力和爆发力很好，作为一名篮球运动员他的表现一点也不比那些高大威猛的队员逊色。尤金之所以能战胜自己的劣势，很大程度上源于他始终能保持一颗平常心。他知道自己很矮，高个子的运动员投篮更容易，但他始终坚信篮球并不是专属于高个子的竞技，它属于所有有才华的运动员。

刚刚加入篮球队时，尤金由于身高不足，没少吃亏，队员们甚至认为他在拖大家后腿，很想把他清除出去。面对一次次失败，尤金没有灰心，面对队友的指责，尤金也没有出现过激的反应，他尽力让自己的心情保持平静，促使自己冷静地看待发生的一切。他花更多的时间苦练球技，后来凭借着高超的技巧以及奔跑迅速的优势，他成了一名优秀的助攻球员，成了球队后场的重要力量。最终尤金的表现在球场上大放异彩，他驰骋各大赛场，变成了体坛上不可小觑的最有价值的球员之一。面对荣耀，尤金表现得十分淡然，他依然像普通球员那样勤奋练球，在赛场上尽情挥洒汗水，球技日臻成熟，获得了队友和球迷们一致的尊敬和爱戴。

保持平常心，看淡成败得失，有助于把自己调整到最佳状态，而患得患失，心情大起大落是心理素质不过硬的表现，无论在哪个领域里，心理状态都会对结果产生直接的影响。有时一个人落败，不是因为能力不佳，而是因为太过害怕失败，而一个人短暂辉煌之后就永久地沉寂下去，也不是因为没有实力，而是因为心态过于浮躁。只有拥有平常心的人，才能笑看云卷云舒，成功驾驭人生。

汤姆供职于一家IT企业，当时和他一起入职的共有19人，大家的教育背景都差不多，可另外18人都被分配到了销售部门，而汤姆却被分配到了行政部门。他们的基本工资差不多，但同事能拿到提成，业绩好还能获得一笔不菲的奖金，汤姆却只有固定工资。由于工资不高，汤姆的日子过得紧巴巴的，他感到非常郁闷，觉得自己是个失败者，心想如果面试时自己的口才好些，也不至于被分配到行政部门。行政工作比较清闲，总监见汤姆没有那么多事要忙，就多给他放了几天假，要求他只要保持每周上三天班就可以了。同事们都很羡慕汤姆，汤姆却感到更加苦闷了，他认为自己在公司里一点都不重要，以后恐怕永远也没有出头之日了。

思来想去之后，汤姆找到老板，要求把自己调到销售部门，老板爽快地答应了。进入销售部门之后，汤姆发疯似的工作，业绩节节攀升，到了年底，他成了公司的销售明星。他陶醉在鲜花和掌声之中，不觉飘飘然起来。以后的日子里，汤姆以销售天才自居，变得越来越傲慢，工作也不如以前努力了，由于疏忽，害得公司损失了好几笔大单，最后落得个被开除的下场。

无论做什么事情，也无论是成功还是失败，都要不以胜喜、不以败悲，而要学会以一种超然的心态来看待成败得失，只有这样你才能转败为胜，也只有这样你的胜利才不至于昙花一现，你采摘的果实才能酿成保鲜的美酒。

07. 改变不了环境，可以改变心态

> 与其抱怨环境，不如改变自己，改变心态。

现实生活中，有很多东西是你无法改变的，比如周围的环境和各种客观因素，以及你无法回避又没有能力改变的事实，这时无论你多么担忧、痛苦和烦恼，都不能使事情发生任何转变，还不如放宽心，开开心心地应对每一天。改变心态并不是消极逃避，而是指接纳自己所不喜欢的事实，放弃对外界的激烈对抗，以平和的方式对待周围的世界。人生在世，不可能事事都如你所愿，你的成长环境是不由你选择的，在激烈的竞争中，你可能会被迫接受自己所不看好的工作环境，婚后你的家庭环境也未必像你向往的那样美满和和谐。总之环境不由人，开心是一天，不开心也是一天，与其愁眉苦脸地度过一生，还不如高高兴兴地活一世。

贺芳从师范大学毕业后，被分配到了一个边远的山村当教师，那里不仅环境差，工作条件也不好，工资又非常少，这让贺芳感到非常失望。在校时，她成绩优异，文笔又非常好，还担任过文学社

的社长,孰料,毕业后竟被分配到这样的穷乡僻壤,她觉得自己的前途完全毁了。

来到这个小山村后,贺芳整天愤恨难平,讲课时总是无精打采,很长时间都没有心情写作了,她总是幻想着能得到一个改变命运的机会,离开这个偏僻之地,找一份理想的工作。可幻想终归是幻想,她一直没有找到更好的机会,两年时间就这样过去了,她的教学工作毫无起色,写作也彻底荒废了,她的心情变得更加抑郁了。

有一天,学校召开运动会,爱热闹的村民纷纷跑来观看,把学校的小操场围得水泄不通。贺芳来晚了,被围在了一层层的人墙之外,就算拼命踮起脚尖,也什么都看不到。她忍不住唉声叹气,心想这次她是不可能观看到比赛了。这时一个个子矮矮的小男孩引起了她的注意,人群外的小男孩一次次从远处搬运砖块,一层层地垒着平台。他跑来跑去,丝毫也不怕累,一会儿工夫,就垒砌起了一个半米多高的台面,他稳稳地站了上去,终于看到了运动场上激烈的比赛场面,脸上洋溢出了满足的笑容。

贺芳看着小男孩,心头猛地一震,她想操场的环境是不可能改变了,面对同样的情况,自己只是没完没了地抱怨,怪自己来晚了,怪来观看比赛的人太多,而小男孩却懂得用砖垒起台子,使自己能站在更高的地方欣赏比赛。贺芳联想到自己两年来的生活,在两年时间里,她一直都在抱怨身处的环境有多么差劲,却一点也没有想过怎么改变自己。单凭这点,她就远远比不上那个垒砖头的小男孩,她越想越羞愧,觉得是改变自己精神面貌的时候了。

从此以后,贺芳全身心地投入到了教学工作中,很快她就成了远近闻名的优秀教师,除了教学以外,她还编辑了好几部教材。由于表现出众,两年之后,她被调到了大城市的一所中专学校任职。

当你改变不了环境时,只能改变心态,在强大的客观世界面前,人或许是渺小无助的,有时候可能觉得无论做任何事情都是于事无补的,在这种情况下,千万不要消极沉沦。接受你所不能改变的,尽最大努力改变你所能改变的,要坦然面对现实,积极地投入每一天的生活。当你真的足够强大和优秀时,你便有了更多的选择权,这样你就可以离开你不喜欢的小池塘,奔赴辽阔的海洋。

很多年轻人都羡慕李嘉诚的名望和财富,却不是每个人都了解他早年艰辛的成长历程。李嘉诚很小的时候,父亲就积劳成疾染上了肺病,为了给父亲治病,一家人平时节衣缩食,一天两顿饭喝粥,买不起新鲜蔬菜,母亲就到集贸市场捡菜叶给全家人吃。李嘉诚14岁那年,父亲去世了,他被迫离开学校,以稚嫩的双肩挑起了供养家庭的责任。

步入社会以后,李嘉诚尝尽人间百味,那时的他没有接受教育的机会,也没有任何可依赖的资源,除了吃苦耐劳的精神和坚忍不拔的毅力,他什么也没有,他曾一度怀疑自己是否有出人头地的一天。后来他染上了肺结核,却没有钱医治,他只能靠意志力和病魔抗争,那段时期里他通过适当地锻炼来增强体质,并合理膳食和保持整洁卫生,疾病竟不治而愈。

无论环境多么艰难困苦,李嘉诚从没有放弃过学习,每天下班以后他都要花费很多时间和精力学习。凭借着自强、好学和永不服输的精神,他终于脱颖而出,创下了令人瞠目的伟业。

环境可以造就人,也可以改变人的心性,恶劣的环境或许会让弱者变得阴暗和悲观,但却能令强者奋起,做出了不起的成就。不要抱怨环境毁掉了自己的人生,自古道,英雄莫问出处,如果你能把自己锻炼得足够强大,就不会被环境选择,而是可以凭借个人意志选择更好的环境,所以与其抱怨环境,不如改变自己,改变心态。

08. 珍惜你所拥有的，不看你没有的

> 命运不可能绝对公平，但却有着相对微妙的平衡，所以世上没有人会真的一无所有，珍惜你所拥有的，忽略你所没有的，你同样可以拥有幸福的人生。

很多时候，人们被欲望迷住了双眼，一心追求自己得不到的东西，对自己所拥有的一点也不知道珍惜。拥有健康的身体，依然不快乐，因为自己长得不如别人英俊或靓丽；拥有一个温馨的家，依然不知足，因为普通的住房比不上阔气的豪宅；拥有一份稳定的工作，依然不满意，因为工资只够维持日常开销……只看自己没有的，看不到自己所拥有的，自然觉得处处比不上别人，生活又怎么可能幸福呢？其实你可以尝试着用另一种眼光来审视自己的人生，虽然你长得不如别人美，但你有一个健康的身体；虽然你的居所不够气派奢华，但你有一个温馨的家和爱你的家人；虽然你的工资不够高，但你有一份长期稳定的职业……这样一想，你的心境是否就完全改变了呢？

黄美廉自幼患有严重的脑性麻痹症，因为疾病，她不能掌控自己的肢体，而且失去了开口说话的能力，但她并没有被病魔征服，而是凭借着顽强的意志力和无比乐观的精神，用绘画绘制出了生命的光彩。她不仅获得了美国南加州大学的艺术博士学位，还举办了个人画展，到处演讲，以自身的经历来唤起人们对生命的热爱。

由于丧失了基本的语言能力，黄美廉演讲时只能以笔代口，故

第八章
心态决定命运，改变心态改变一生

人们称呼她为"写讲家"。有一天她在演讲中，挥笔写下了她最为经典的一句箴言："我只看我所有的，不看我所没有的。"看完这句意味深长、饱含哲理的格言，台下的观众陷入了沉思。这时突然有一个学生问她："黄女士，你从小就长成这样子？你认为老天对你公平吗？你有没有怨恨过命运？"这个问题非常尖锐，观众都开始为黄美廉担心，怕她会被刺伤。没想到黄美廉并没有把这尖刻的提问放在心上，她微笑着转过身来，拿起粉笔在黑板上写道："我怎么看自己？"然后又快速地写下了以下内容：一、我很可爱！二、我的腿很美很美！三、我的爸爸妈妈很爱我！四、上帝会公平地对待每一个人！五、我会画画，我会写稿子！……

黄美廉一口气写下了几十条让她热爱生命的理由。看着黑板上这一行行的粉笔字，四周顿时鸦雀无声，台下的观众再也没有发言，他们都在悄悄地擦拭泪水。黄美廉转过身来，再次看了大家一眼，又在黑板上重写了一遍那句箴言："我只看我所有的，不看我所没有的。"落笔之后，台下响起了一片热烈的掌声。

只看自己所有的，不看自己所没有的，这是多么发人深省的醒世名言，黄美廉做到了，那么你是否也能做到呢？面对同样的境况，有的人懂得知足和珍惜，有的人却抱怨连连，这就好比看到半杯水时，人们会有两种截然不同的反应，一个人说："太好了，杯子里还有半杯水！"而另外一个人却说："唉，杯子里只剩半杯水了。"不要总是抱怨命运不公、事业不顺，不要总看你所没有的东西，而要去珍惜你所拥有的珍宝。

有个年轻人总抱怨自己一无所有，他说："我什么都没有。没有高学历，没有像样的房子，没有存款，没有英俊的相貌，我的人生如此贫乏，我真是太痛苦了。"有个中年人听到了年轻人的抱怨，便对他说："年轻人，其实你很富有，只是自己没有发现而已。"年轻人听罢苦笑道:"你不是在和我开玩笑吧?"中年人说:"不如我们来做笔交易吧。""什么交易?"年轻人问道。

"你知道我比你要富有,现在我得了眼疾,医生说以后我可能会双目失明,你愿意把眼睛换给我吗?我可以给你100万美元,保证你一辈子衣食无忧,过上自己想要的生活。"年轻人虽然羡慕中年人富有,但也不愿意用双眼来换财富,于是出言拒绝了。中年人又提出愿意用100万美元购买他的一条腿,同样遭到了拒绝。中年人又说:"你是不是嫌我出价不够高啊?你要是愿意把心脏卖给我,我将把所有的财富都给你,那些财富足以让你买下一座城市了。"年轻人说:"没有了心脏,我很快就会死去,命都没了,还要财富干什么呢?"中年人听罢哈哈大笑:"你现在知道自己该多么富有了吧,生命和健康是无价的,以后你要学会好好珍惜。"

看完这个故事后,你是否也觉得自己其实很富有呢?事实上,每个人的人生都或多或少地存在一些缺憾,没有人可以拥有一切,就像故事中的中年人拥有财富却没有健康的身体。命运不可能绝对公平,但却有着相对微妙的平衡,所以世上没有人会真的一无所有。珍惜你所拥有的,忽略你所没有的,你同样可以拥有幸福的人生。

09. 在绝境中寻找希望

只要心中还残存一点希望,看似枯萎的生命也能重新开出花朵。

当你陷入绝境中时,不要忘记鼓励自己寻找希望,就算只有万分之一的机会,就算希望十分渺茫,也决不能让自己绝望。在绝境中生存,既是考验又是机遇,这就好比紧急手术时,生死只在一线之间,如果病人不放弃求生的欲望,能多挺几秒钟,活下来的几率就会大大增加。一个人深陷困境时,只要不放弃希望,就能在绝望中找到一线生机。命运给你关上了一道门,就会为你开启一扇窗,事实上,希望无处不在,只要你不言放弃,你的人生终将豁然开朗。

在非洲的一处矿井里,六名矿工正在采煤作业,忽然,只听一声巨响,矿井坍塌了,出口被完全封住,矿工们全部被困在了地下。这种事故在当地经常发生,凭借经验,矿工们意识到现在最大的威胁就是严重缺氧,矿井内的空气至多能维持他们三小时的寿命,氧气耗尽了,他们的生命也就到了尽头。

六名矿工中只有一人戴了手表,为了让大家知道剩余的时间,戴手表的矿工每半小时都要报时一次。半小时之后,那名矿工对大家通报道:"过了半小时了。"大家都变得紧张和焦虑起来,因为他们时时刻刻都能感知死亡的临近,过去了半小时,也就意味着他们生命的长度减少了半小时。报时的矿工不想让大家再承受这样的煎熬,于是过完第二个半小时时,他没有吭声,又过了一刻钟之后,他才说:"已经过了一个小时了。"事实上,时间已经过了75分钟。又过了整整一小时之后,报时的矿工却谎报说时间只过去了半小时,同伴们误以为余下的时间还很充裕,只有他清楚时间过得有多么快。

四个半小时之后,救援人员赶到了事故现场,六人当中有五人奇迹般地生还,只有一人窒息死亡,他就是那名戴着手表报时的矿工。

幸存者的意识是模糊的,他们并不知道死神到来的准确时间,所以一直都没有绝望,成功支撑到了救援人员到来,而那个知道了真相的矿工由于陷入了绝望的状态导致窒息而死。这说明只要心中还残存一点希望,看似枯萎的生命也能重新开出花朵。一个人深陷困境,人生处于巨大的危机之中时,譬如面临着事业的溃败或者长期失业的威胁,扭转乾坤的几率非常小,但只要心存希望,即使不能力挽狂澜马上改变现状,也能使自己成功渡过绝境,走向更加美好的明天。

施振华是一家小型私人企业的员工,收入并不高,本来日子就过得紧巴巴的,妻子又体弱多病,花去了家中大部分开销。妻子生病前在一家工厂上班,两个人的工资勉强能维持家用,后来妻子一病又丢掉了工作,全家只靠施振华一个人支撑,他的压力陡然增大。为了养家糊口和给妻子看病,施振华不得不辞去了工作,向更高的目标努力。

施振华到广告公司应聘过业务员,由于口齿不够伶俐,当场被拒绝了。之后他做起了水果生意,有一天夜里他拉着一小车水果困累交加地往家里赶,一不小心跌进了路边的窨井里,直到黎明才有人路过事发地点,把他拉了出来。好心人把他送到了医院,经拍片检查,他的右腿已经摔断,右脚脚骨骨裂,需要马上入院治疗。由于支付不起医疗费，施振华只抓了一些药就回家养伤了，他不知道自己会不会留下后遗症。

在养伤的那段日子里，施振华几乎快要绝望了，因为伤痛，他在很长一段时间里都没有办法工作了，妻子本来身体就不好，还要操劳照顾他，这让他感到内疚不已。如果不是靠亲朋接济，夫妻俩恐怕连平时的伙食费都支付不了了。好在天无绝人之路，在休养了近一年后，施振华的腿伤完全养好了，他先是开设水果摊，生意做大后，又开了一个水果店。而今他的日子越过越好，妻子的身体经过精心地调理，也在慢慢转好。回首往事，他感到很庆幸，如果当初他深陷绝境时选择了放弃，是不可能拥有现在的美好生活的。

人生没有真正的绝境，只有绝望的心态，那些看似绝境的境遇往往就是人生的转折点，俗话说"否极泰来"，当你的人生陷入谷底时，就不可能再下陷了，这便意味着反弹的时刻将要来临了，只要你心中还尚存一丝希望，就能给绝境中的自己带来重生的力量。

10. 别让等待变成一种遗憾

人生经不起太多的等待，等你什么条件都具备了，再想旅行的各种计划时，原有的精彩安排早已在不知不觉中更换了情节。

随着社会的发展和生活节奏的加快，人们对时间越来越重视，有些人抓紧一切时间拼命工作和学习，成为了标准的工作狂和学霸。但除了工作和学习，很多该做的事情都被无限拖延了。曾想过不那么忙时，到郊外看看大自然的样子，闻闻花香、听听鸟鸣，感受一下莺飞草长，可却一直找不到合适的时间；曾计划过进行一次有意义的旅行，在流浪中尽情放逐自我，可总借口说资金少、休假不足，始终都没有出行；曾想过多陪陪父母，早点尽孝，可最后却一直在忙事业，没空倾听父母的唠叨。

等到真的有闲暇时，恐怕你已经人到中年，那时你不再耳聪目明，早已没有兴致去郊外赏景，也没有体能再进行长途旅行，父母也已到了暮年，耳朵听不见了，口齿也不清了，两代人根本就无法顺利交流了。这都是等待造成的遗憾，人生经不起太多的等待，等你什么条件都具备了，再想旅行的各种计划时，原有的精彩安排早已在不知不觉中更换了情节。

董秋从小就有一个简单的愿望，她希望有朝一日能到风景如画的郊外和家人一块野餐。小时候，父母忙着上班，她忙着上课学习，野餐计划一直都没有实现。大学毕业没多久，她就和大学同学步入了婚姻殿堂，每当为丈夫精心烹制食物时，她脑海里都在盘算着野餐计划。她幻想着自己穿着漂亮的衣服，手里提着一篮子可口的糕点，挽着丈夫的手臂，向一片绿荫中走去，他们在树荫下看细碎的阳光，躺在青草地上沐浴朝晖夕阴，你一口我一口地互相喂食糕点，那景象是多么美好啊。

董秋多次动了到郊外野餐的念头，但每当看到下班回家的丈夫一脸疲惫的神情，话到嘴边又咽了回去。她想等到丈夫工作不那么忙了，两个人再去郊外野餐也不迟。这一等就是好几年，后来儿子出世了，她整天忙着照顾孩子，完全无暇理会什么野餐计划了。时间过得很快，儿子转眼升入高中了，丈夫的事业也趋于稳定，董秋这时又想起了她的野餐计划，她不想耽误孩子学习，便没有把儿子纳入计划之内。她本想和丈夫一起去野餐，但转念一想，儿子现在学习压力这么大，有时连周六日都要补习功课，她应该多做点好吃

第八章
心态决定命运，改变心态改变一生

的，给他补充营养，等儿子考上大学了，他们一家三口再去野餐也不迟。

后来儿子考上了外地的大学，几乎不用董秋再操心了，丈夫工作也不像以前那么忙了，她自己却成了大忙人。原来喜好烹制美食的她写了几本有关烹饪的书，没想到书非常畅销，她居然一下子成了餐饮界的名人，她要经常参加各种活动，一时忙得不可开交。凭借着独到的厨艺和对美食的见解，董秋创办了当地最受业界看好的餐饮公司。成为女强人后，她整天忙得就像机器人，根本就没有时间去计划其他的事情了。

日历一页页翻过，时间弹指一挥间过去了，多年以后，董秋上了年纪，她明显感到已经精力不济了，她无力打理自己一手创办的餐饮公司，儿子对经商也没有兴趣，丈夫只是个技术人才，对商业一窍不通，她只好请自己的得力助手管理公司。闲下来之后，她又开始琢磨野餐计划，因为儿子远在外地工作，她只能和丈夫外出野餐了，本来这个计划已经没有阻碍了，可惜丈夫却忽然中风了。接下来的日子里，丈夫的行动能力受到了很大的限制，他几乎丧失了行走功能。董秋也想过推着轮椅带丈夫到郊外野餐，不过又因为各种事情耽搁了。

若干年后，儿子在外地安家落户，其膝下的儿女也都已经长大成人了，丈夫去世了，家里只剩下了董秋一个人，她想她只能独自到郊外野餐了。为了让自己在有生之年不留遗憾，有一天她制作了满满一篮子糕点，穿上了自己最好的衣服，像参加某个盛大仪式似的去了郊外。她躺在青青的草地上，晒着温暖的阳光，把一小块糕点送进了嘴里，眼睛里忽然溢出了满足的泪水。她的牙齿已经松动了，吃东西都有点费力，一时间不免要感叹年华不堪。她想自己的人生原本不该是这个样子的呀，她应该是个很美的妇人，穿着盛装，和高大英俊的丈夫、活泼可爱的儿子其乐融融地聚在一起，享受美好的野餐时光，可现在她孑然一身，拖着老迈的身躯一个人孤独地野餐，滋味完全变了。人常说，有些事错过就不再，看来事实果真如此。

不要真的等到自己年华老去再去悔恨，有什么愿望一定要尽快实现，等到万事俱备时才想行动，一切都已经太晚了。人生只有短短数十载，在这有限的生命里，你一定要学会珍惜值得珍惜的事物和人，不要为了逐利而放弃了最简单的愿望，也不要忽略了亲情和友情等很多美好的东西。一时的等待可能造成一世的遗憾，所以不要去等待，想要实现什么愿望要尽早实现，不能让自己的人生空留遗憾。

11. 停止自我折磨的独角戏

> 境由心造，天堂与地狱也只在一念之间，你若能擦亮被欲望蒙蔽的双眼，就能从一朵花里看到天堂，从一粒沙里看到一个美好的世界。

人的欲望是无止境的，在欲望得不到满足时，心灵就会在煎熬中备受摧残。由于心理上的不平衡，你会辗转反侧、寝食难安，陷入自我折磨的泥潭。当天之骄子的光环不再，踌躇满志的你追求不到自己想要的生活，你就会感到惶惑不安，上演自我折磨的独角戏。在这个过程中，没有人能替代你承受心灵上的痛苦，也没有人会参与你的故事，你悲伤、困惑、茫然，皆属于一个人的剧目，你是你自己的导演，何时终止对自己心灵的摧残，取决于你自己。

很多事是不能强求的，学历并不能代表一切，高学历和前途不

第八章
心态决定命运，改变心态改变一生

能直接画等号，不要以为立下大志愿，肯卧薪尝胆，就一定能得偿所愿，也不要再用999个失败者来堆砌一个成功者的故事来欺骗自己。没有人能随随便便实现自己的人生理想，你需要对自己对世界有一个更清醒的认识，多多增加社会实践经验，多多磨砺自己，放弃急功近利的想法，一步一个脚印地朝自己的人生目标迈进。

郑浩是一个名校毕业的优等生，为了谋求更大的发展，他刚毕业就离开家乡，只身去了上海。他本以为自己能在这座繁华的大都市站稳脚跟，没想到找一份理想的工作居然有那么难。他的同学有的出国留学了，有的进入了外企，那些人在校的成绩远远不如他，可发展得都比他要好，这让他心里很不平衡。毕业前夕，他就已经想到外面世界的秩序和学校里不一样，学校以分数来衡量学生，而社会则不然，可真正走出象牙塔，他还是无法接受这样的事实。

郑浩对人生感到失望，他觉得自己可能永远都不能出人头地了，他不愿成为街上来来往往人群中的一员，因为他一直渴望超越平凡，取得常人取得不了的成就。他幻想过自己西装革履，在谈判桌上挥斥方遒，他幻想过成为业界的佼佼者，获得显赫的名声与荣耀，他幻想过喝着苏门答腊黑咖啡，过上人人羡慕的小资生活，可幻想终归是幻想，现实终归是现实。郑浩受着欲望的折磨，他吃不下，睡不香，性格日趋抑郁，随着银行卡里的钱越来越少，他只好把所有的幻想扔到一边，找了一份并不算满意的工作。

第一份工作比较琐碎和无趣，工资也不高，郑浩很担心会就此赔上自己的青春年华，他看不到未来，也不知道接下来的路该怎么走，经常感到茫然无措。一转眼两年时间过去了，他仍旧没有任何进步，只是一个中规中矩的小职员，他觉得可能自己一辈子都得做职员，一想到这里，他就有种想哭的冲动。他不甘心，心想为什么自己要做无名小卒，他在学校里曾经是那么优秀，凭什么就要屈居人下呢？痛定思痛后，他决心创业，因为没有资金，他迷上了买彩票和炒股，想要单凭运气来改写命运。但运气显然是靠不住的，他买了很多彩票，却从来没有中过奖，连小额的奖金都没有得到，股市行情变幻莫测，他偶尔能赚点小钱，可没过多久就全部赔光了。

创业的路走不通，职业晋升受阻，郑浩心情郁结，身体状况越来越差了，除了平时爱感冒外，他经常感到全身酸软无力，心头好像压着一块巨石。他还经常噩梦连连，梦见自己变成了一个体态佝偻的老人，依然是两手空空，醒来之后枕头都被泪水打湿了。同学聚会时，大家见他消瘦了许多，都开始关心他的身体状况，他苦笑着说："我没事，身体没有出现什么问题，只是觉得自己太没用了，心情不好罢了，心情差自然吃东西就少，瘦几斤也是很正常的。"同学劝他："你不要让自己活得太累了，有些事还是顺其自然好，不要强求自己做不到的事，那样会让自己累垮的。"郑浩淡淡地说："或许你说得对。"那天，他喝醉了，醒来后发现自己躺在医院里。原来是他不顾同学的劝阻，饮酒过量，结果造成了酒精中毒，如果不是同学及时把他送到医院抢救，后果不堪设想。

你的人生追求最好与自身的能力和条件相适应，否则你很有可能因为理想的破灭而陷入巨大的痛苦之中，奢求自己得不到的东西与上进无关，而是贪心的表现，如果你不能调整好自己的心态，恐怕一生都难展欢颜。人生在世，最重要的是自己活得充实而幸福，而不是为了满足虚荣心，无止境地追求功名与物欲。境由心造，天堂与地狱也只在一念之间，你若能擦亮被欲望蒙蔽的双眼，就能从一朵花里看到天堂，从一粒沙里看到一个美好的世界，即便你没有登上人生的顶峰，你的生活依然是美好的。

第九章
宽容的心态，感恩的情怀

宽容，说起来容易，做起来却很难。宽容他人就意味着战胜自己的狭隘，原谅别人对自己造成的伤害，淡忘曾经遭受过的委屈与经历的苦涩，这需要勇气，更需要心胸。能宽容别人的人，必然有更高的人生境界，宽容他人就是善待自己，只有宽容能抚平所有的伤害。宽容是一种涵养，它能消除人与人之间的芥蒂，融化心与心之间的冰雪，同时还能治愈自己的伤痛。

宽容与感恩并存，都是无比珍贵的品质，懂得宽容的人，势必懂得感恩，这样的人无论受过多少打击，都能善待他人，善待自己，珍惜生活和生命中一切美好的东西，并能从负面的体验中提取温暖的正能量，将伤痛转化成积极向上的精神，把自己锻造得更加刚强、仁慈和善良。

01. 最愚蠢的事莫过于拿别人的错误惩罚自己

> 原谅他人的错误和愚蠢，是一种大境界，它不仅能使自己和外界的关系更加和谐，还能使自己活得更加洒脱和怡然。

在现实生活中，我们经常听到有人说："我真是被他气死了！""这件事情简直气死我了！"因为别人做了令人不愉快的事，人们常常会怒火中烧。其实这是典型的拿别人的错误来惩罚自己，你在生闷气的时候，别人并不知晓，怒气只会给自己的身体造成伤害，进而影响日常工作和生活，别人给你施加的伤害远不如你给自己的伤害大。

生活就像一面镜子，忧伤的人从里面窥见的都是忧伤，愠怒的人从里面窥见的都是愤怒，而豁达的人从里面窥见的却是从容。你无法控制他人的行为，也无力对所有人的意志施加影响，甚至不能阻止别人激怒你或者伤害你，在外界不善待你的时候，你要学会善待自己，停止惩罚自己，更不要拿别人的错误惩罚自己，只有这样你才能放下心灵的包袱，快乐地驾驭自己的人生。

杰瑞每天都要到报摊上买报纸，报摊的主人对待顾客的态度非常不友好，有时会冷漠地打量着别人，偶尔还会粗鲁地对待前来卖报的人。有一次杰瑞和朋友一起到报摊购买报纸，卖报人依旧没有给他们好脸色看，朋友非常生气，杰瑞心态却很平和。两个人走出报摊后，朋友说："他的态度非常无理，我真不明白你是怎么日复一日忍受这个烦人的家伙的？"杰瑞说："我没有必要跟他计较，生

第九章
宽容的心态，感恩的情怀

气岂不是拿别人的错误惩罚自己？他对人无理错的是他，又不是我，我可不想因为这样的人来影响自己的心情。"

又过了几天，朋友兴冲冲地告诉杰瑞："如果你再多走20分钟的路程，还能找到一个报摊，以后就别到原来的地方买报纸了，那个人实在让人倒胃口。"杰瑞却说："我还是会到原来的地方买报纸，原因很简单，我不想每天多花20分钟走路，我不在乎卖报人的态度，他的确是个粗鲁的人，但这与我无关，我不会让他影响到我的正常生活。"此后，杰瑞依旧每天到离家较近的报摊买报纸，每次他都心平气和地回到家中看报，就像他所说的那样，他不愿拿别人的错误来惩罚自己，所以外界的刺激对他的心情没有造成任何影响。

在很多时候，你无法决定别人的行为，那么也不要让别人的行为来决定你的生活。别人的所作所为不可能百分之百让你满意，这个世界是不完美的，人类本身也是不完美的，所以没有必要为任何人大动肝火。伏尔泰说："我们所有的人都有缺点和错误，让我们互相原谅彼此的愚蠢，这是自然的第一法则。"原谅他人的错误和愚蠢，是一种大境界，它不仅能使自己和外界的关系更加和谐，还能使自己活得更加洒脱和怡然。

罗伯特入住旅店后，发现服务员竟把他带错了房间，但服务员并没有为自己失职的行为道歉，反而是一副满不在乎的样子。罗伯特觉得自己受到了轻慢，气得浑身抖了起来，他大声咒骂服务员，说旅馆根本就不应该雇用像她这样不负责任的员工，她是他这辈子见到过的最差劲的服务员。

罗伯特脸色忽红忽白，声音由于过于激动而发颤，双眼里好像有一团怒火在燃烧，服务员没想到他会反应这么过激，完全被吓到了，半晌说不出一句话来，她战战兢兢地把他领进了预订的房间，然后诚惶诚恐地离开了。进入房间后，罗伯特依然愤恨难消，他没想到自己居然会那么粗鲁地对待别人，他为自己刚才的攻击行为感到羞愧。当时他觉得服务员看不起他，所以才会怠慢他，他发火是因为觉得自尊心受到了伤害。可是发了一通火之后，他非但没有感觉更好些，反而使自己的心情越来越糟了。

　　常有人对他人的行为感到不解，心头不免充满了疑问："他怎么能这么做呢？真是太过分了。""他怎么能这样对待我呢？"人们的判断可能因为主观色彩太浓而出现偏差，当然在有些情况下，判断有其合理性，别人确实做了一些令人愤慨的行为。但单纯的愤慨是没有意义的，要么你据理力争纠正他人的错误，要么就像伏尔泰那样宽恕和原谅他人的错误，不要愚蠢地一个人生闷气，让伤害在自己身上进一步扩大化，而要理性地去对待和处理冲突。

02. 感谢折磨过你的人，因为他磨炼了你的心志

> 每一处的伤疤都意味着成长，是伤害过你的人磨炼了你的心智；是欺骗过你的人，增长了你的智慧；是中伤过你的人，砥砺了你的人格。

　　在生命的旅途中，你会遇到少量可以和你肝胆相照、荣辱与共的人，也会遇到少量给你造成刻骨铭心伤害的人，这些人留给你的回忆基本上都是折磨，或许你曾经怨恨过他们，甚至过了很多年以后还对他们说过的话或做过的事耿耿于怀。其实蓦然回首，成就你的不仅是帮助过你的人，还有那些折磨过你的人。帮助你的人给了

第九章
宽容的心态，感恩的情怀

你珍贵的友情，折磨你的人磨炼了你的心智，激发了你的斗志，如果没有那些责难，或许你根本不会变得像今天这样强大，也不会像今天这样优秀。

每一处的伤疤都意味着成长，是伤害过你的人磨炼了你的心智；是欺骗过你的人，增长了你的智慧；是中伤过你的人，砥砺了你的人格；是遗弃过你的人，教会了你独立；是批评过你的人，让你认清了自己的缺点……也许折磨过你的人给过你很大的精神刺激，伤害过你的自尊和感情，可就是因为这些伤害，让你在痛苦的磨砺中提升了自己，升华了自己，使你变得更出色更成熟了。

姚娜是个刚毕业不久的大学生，刚出校门的她非常单纯，每天上班脸上都洋溢着灿烂的笑容。因为性格活泼开朗，又平易近人，姚娜很快就被同事接受了，大家相处得十分愉快。可惜好景不长，她那好脾气的上司由于工作出色，被调回了总部，新来的上司是个非常刻薄和情绪化的人，自从他上任以来，姚娜没少被斥责。虽然新上司对其他员工要求也很苛刻，但对姚娜更进了一步，有时姚娜觉得她完全是有意针对自己。比如分配工作任务时，姚娜的工作量总是要比其他同事多，同一批刚入职的员工可以分工完成工作任务，她唯独要求姚娜独立完成更为繁重的任务。

姚娜不禁慨叹这下自己真的是遇到了克星，这么大的工作量她一个人根本就处理不完，上司这么做分明是有意为难她。有一天姚娜向上司表明自己没有办法在那么短的时间独自处理那么多的工作，上司却冷冷地说："这里不是菜市场，你不要跟我讨价还价。"摆出一副没得商量的高压态度。姚娜知道自己多说无益，只好暗叫倒霉，从此加班加点地拼命苦干。每天她都是第一个来到办公室，最后一个离开公司，但工作进度依旧缓慢，临近最后期限了，她还有很多工作没有做完。忙得焦头烂额的时候，她感到心里窝火，不禁愤愤地想:"太过分了,难道她是我前世的冤家,不然为什么就那么喜欢折磨我呢?"怨恨归怨恨,工作还得继续做,她一边摇头叹息,一边挑灯夜战,苦苦奋战了三天之后,终于把工作做完了。

月末在总结工作时,上司再一次点名批评了姚娜,理由是她在细节处理上不够完美,尤其是后半部分的工作有敷衍之嫌。姚娜一听不禁心中叫冤,分明是你给我的时间不够,工作量又那么大,工作勉强完成已经很难得了,还要鸡蛋里挑骨头,这真是太气人了。之后,每当月末总结,首当其冲被批评的始终是姚娜。姚娜不止一次地产生了辞职的想法,可她是个非常好强的女孩,不想让别人认为自己是被气走的,她想:"你不是喜欢鸡蛋里挑骨头吗?我就是要把工作做得让你挑不出毛病来,到时看你还怎么说。"同事觉得她的想法太天真了,有位同事对她说:"欲加之罪,何患无辞,我看咱们这新来的上司确实是你的克星,无论你表现得有多好,她总能挑出毛病来。"

新上司确实很不喜欢姚娜,她丝毫也不打算掩饰这一点,所有的同事都对她的做法看在眼里。每次给新员工分配工作任务时,姚娜接到的工作任务难度都是最大的,其他员工的工作相较之下要容易很多,这位上司在总结工作时却从不考虑工作难易程度的不同,只是强调最后的结果,她总是对姚娜的表现忍无可忍:"你为什么就那么不注意细节呢?难道不知道现在最流行的工作理念就是细节决定成败吗?我已经提醒过你很多次了,你总是屡教不改,这个月你的奖金全部被扣除,下次如果你的工作还不能让我满意,罚款就从你的工资里扣。"新上司摇身一变成了完美主义者,可她只要求姚娜把工作做到百分之百完美,对其他下属标准就要降低很多,这显然是不公平的,没有人能把工作做到百分百完美,即便是她本人也不能,但她却要求一个刚参加工作不久的大学生务必做到这点。

姚娜是个倔强的女孩，她固执地不肯辞职，心想："你想让我走我偏不走，我非要做出成绩给你看，要让你哑口无言。"就这样姚娜被这位上司整整折磨了两年，两年后这位上司想要挑她的毛病已经越来越困难了，不知不觉中，姚娜成了她手下最得力的助手。后来她被调到了别的分部，姚娜直接接替了她的位置，成了新任的主管。虽然这两年来姚娜过得很辛苦，但上司的刁难和挑剔确实促使她把工作做得越来越好，如果没有上司的苛责，她恐怕也取得不了今日的成就。这样一想，姚娜觉得那个折磨自己的人也不再那么可恨了，因为有时冤家确实可以成为成就自己的人，这一点在姚娜身上应验了。

那些曾经谩骂你、苛责你的人，或许只是对事不对人，或许是有意伤害你，无论其动机如何，都在客观上促成了你的成长。面对高压和屈辱，少有人能淡然处之，正是因为不甘，你才活出了全新的样子。有时折磨你的人就是最好的雕刻师，剔除了你身上的缺点，让你变得更加坚强和日臻完美，晋升到了另一个高度，蜕变成了一个更出色的人。

03. 感谢羞辱你的人，使你增强了完善自我的决心

要从羞辱中认清自己的短处和缺陷，用羞辱增强自己完善自我的决心，把自己历练得更出色和更有韧性。

羞辱是人生的一门选修课，没有人喜欢被羞辱，因为它会让你觉得难堪，戳伤你的自尊心，但在这个世界上，并不是所有人都会

善待和包容你，被羞辱有时是避免不了的。在学校时，你可能因为表现不佳被老师羞辱，在公司时，你可能因为工作失误被上司或老板羞辱，在其他场合里，你可能被不喜欢自己的人冷嘲热讽，有时一个擦肩而过的陌生人都会对你嗤之以鼻。

面对羞辱，你是怒气冲天，以其人之道还治其人之身，还是感到屈辱万分，变得颓丧和自弃？这两种做法显然都是十分不明智的，所谓知耻而后勇，不要把羞辱当成人生的大不幸，而要从羞辱中认清自己的短处和缺陷，用羞辱增强自己完善自我的决心，把自己历练得更出色和更有韧性。

宋佳怡是一名刚刚入职的大学生，她所供职的公司在业界小有名气，对人才的选拔尤其严格，能进入这样一家公司工作她感到十分庆幸。然而刚上班的第一天，她就傻眼了，主管居然安排她去清扫厕所，并说这是她在第一阶段工作的主要内容。她强调自己当初应聘的是文职人员，而不是清洁工。主管淡淡地说："我们公司会根据员工不同的情况来制订培养人才的计划，这一点希望你能理解。"这是什么意思呢？宋佳怡气得说不出话来，难道说她目前的能力只配打扫厕所吗？这简直就是在侮辱她的智商和人格。

"像你这样刚出校门的学生，理应从基层做起。"主管又说了一句。基层也不意味着扫厕所呀，宋佳怡觉得他们这么做分明是在浪费人才。宋佳怡本想立即提出辞职，但眼下她银行卡里的余额已经不多了，再找别的工作恐怕还要耗费很多时日，何况这份工作工资又那么高，先干一段时间，以后辞职也不迟。这样想着，宋佳怡便平息了怒气，挽起袖子，做起了清洁工作。

宋佳怡做厕所工的事很快就在同学间传开了，大家都把这事当成了一个笑话，还编了很多打油诗来嘲笑她。宋佳怡简直就要气哭了，但一想谁让自己囊中羞涩呢，韩信还忍胯下之辱呢，勾践作为

第九章
宽容的心态，感恩的情怀

一代君王也肯卧薪尝胆，自己不过是自贬身价做了清洁工而已，何况这只是暂时的。于是宋佳怡每天按时按照公司的要求打扫厕所，谁知当个厕所工日子也不太平，一个年长的同事总是嫌弃她马桶刷得不干净，还说："你真的觉得你已经把马桶刷得很干净了吗？我倒一杯水进去，你敢喝里面的水吗？"同事的这番话，对宋佳怡来说无疑是一通羞辱，宋佳怡本来想反唇相讥地问："那你敢喝自己刷过的马桶里的水吗？"话到嘴边又咽了回去。她默默地拿起马桶刷，大力地刷洗马桶，把整个马桶清洗得干干净净，又把地板打扫得一尘不染。

有一天主管来检查宋佳怡的工作，问道："你觉得自己刷马桶刷得干净吗？"宋佳怡没有立即回答她，而是将一杯水倒进了清洗完毕的马桶里，然后用杯子舀起里面的水，仰起头来咕咚咕咚喝了起来。主管先是一愣，随即宣布道："你第一个阶段的工作结束了，现在跟我到新部门报到。"

进入办公室后，主管对宋佳怡说："知道为什么会安排你扫厕所吗？""是在考验我吗？"宋佳怡有些摸不着头脑。主管说："也是，也不全是。在给你面试时我发现你为人骄傲，心态浮躁，而且性格尖锐，从综合素质来看，你并不符合公司要求，但我觉得你很聪慧机敏，又比较有个人想法，如果能改掉那些毛病，会成为一名不错的员工。我安排你打扫厕所确实是故意羞辱你，你是个心高气傲的人，我原本以为你不能坚持下来，没想到你表现得非常出色，远远高过了我的预期，而且那些不好的毛病也统统改掉了。所以现在你可以辅助我进行正常的工作了。"

宋佳怡没想到事情的真相居然是这样，她不得不承认自己身上确实有主管说的那些毛病，也没有料到这种近乎羞辱的测试居然让她矫正了工作态度。此后她踏踏实实地工作，勤勤恳恳地学习，一年之后成为了主管的得力干将。不久她被调到公司的核心部门担任更重要的工作,职业前景一片光明。

当你受到别人羞辱时,生气或反击并不能让你长进,与其捶胸顿足,不如发愤图强,做出成绩来反讽那个羞辱你的人,用事业的成功来洗刷耻辱,让所有看不起你的人对你刮目相看。

04. 原谅别人无心的伤害

> 学会原谅,而不是记恨,是治愈自己最温暖的方式。

著名作家陈默安说:"在这个世界上,不是每个人都用温柔的方式对待我们,所以我们常常会被别人的无心之过伤害,即使时间已经过了很久,心底还是有一个地方隐隐作痛。没错,事情是过去了,但是受伤的心情却始终没有过去。"其实超越伤痛最好的办法就是原谅伤害过你的人。

伤害对一个人来说是一种成长和磨炼,那些曾经伤害过你的人或许只是你人生的过客,却在你的生命里留下了深刻的印记,伤口结痂后,伤痕犹在,带伤的你也许多了一点沧桑,但却加深了你对自身、对人生的思考。少年时代,你也许曾经被老师奚落过,被同学欺侮过,长大后被形形色色的人误解或嘲讽过,这些看似恶意的伤害,并不全都是他人蓄意造成的,学会原谅,而不是记恨,是治愈自己最温暖的方式。

狄军学习成绩一直不好,他不但有好几门功课不及格,还经常在课堂上搞小动作,班主任老师认为他有多动症,对他尤为反感。

第九章
宽容的心态，感恩的情怀

有一天，班主任老师正在讲台上眉飞色舞地讲课，狄军又把手伸到了课桌底下搞小动作，他在上面看得一清二楚。他想，一定要对这样的学生进行惩戒，否则他会继续拖班级后腿，于是就把狄军叫了起来："狄军同学，现在请你回答一下我刚才提出的问题。"

狄军晃晃悠悠地站了起来，他没想到老师居然能点名叫自己，于是支支吾吾地说了一通话，声音小得像细蚊，老师和同学几乎一个字也听不清。"请你大声把刚才的答案再说一遍。"班主任老师严厉地说道。"老师，我不知道。"狄军像霜打了的茄子，蔫了下来。班主任老师一听，顿时火冒三丈："你不知道，为什么不认真听讲呢？你知不知道就是因为你成绩太差，害得我们班都评不上优秀班级，你怎么一点都不知道上进呢？以后上课，把手放到课桌上，老老实实听课，别再搞小动作了。好，现在你坐下吧。"狄军无精打采地坐了下来。"狄军同学，现在就请你把双手放到课桌上，要让我的眼睛能看得到。"班主任下了命令。狄军顺从地把手放到了课桌上，在同学们的目光中羞得满脸通红。

此后，狄军每堂课都得把手放在课桌上听讲，班主任老师还要求其他老师和自己一块监督狄军，并对老师们说狄军有多动症，这样做是为了矫正他的毛病，无论对他个人成长还是对学校都是有利的。因为受到特殊对待，狄军感觉自己受到了歧视，自尊心严重受到伤害，而且老师到处宣扬他有多动症，更是进一步伤害了他幼小的心灵。狄军认为自己只是厌学而已，不明白老师为什么要那么憎恨自己。长大以后，狄军始终对自己年少时的经历难以释怀，他经常梦见自己在同学的嘲笑中被迫把双手放到课桌上，就像一个做了坏事的贼被当众羞辱一样。他开始记恨班主任老师，心想如果不是他给自己造成这么大的心理阴影，他也不会变得像现在这么敏感和自卑。

虽然狄军已经成为了当地小有名气的企业家，可他总觉得自己被别人瞧不起，他认为这种状态和少年时代的经历有关，他的班主任老师要负全部责任。有一次，学校邀请他回母校演讲，他很想利用这次机会狠狠地羞辱班主任老师一番，以报当年的一箭之仇。在演讲前的一个星期，他给班主任老师写了一封长信，向其袒露了被特殊对待后的心声，并说那段经历给自己带来了巨大的心理阴影，他至今不明白老师为什么会对自己的学生做出那样的事。很快他就收到了老师的回信，信上说："狄军同学，我没想到当年的行为会给你造成那么深的伤害，读完你的信，我感到很难过，也很内疚，如果时光可以倒流，我一定不会那样做的。现在我不知道该怎样补偿你，只能郑重地跟你说一声'对不起'，我不奢求你的原谅，只希望你能尽快释怀，因为背负这样的心理负担，你自己也会活得很累的。"

狄军读着班主任老师的信，不知不觉眼睛湿润了起来，是的，他必须对过去释怀，否则这种痛苦会永远伴随着自己，他原谅了伤害过自己的班主任老师。在母校演讲那天，他以轻松的口吻对全校师生说道："以前我的成绩在班级里排名倒数，那时的我不爱学习，比较好动，喜欢在课桌底下搞小动作，是我的班主任老师帮我改正了这个毛病，我才能有今天。所以我要感谢我的班主任老师。"在一片热烈的掌声中，狄军把自己的班主任老师请上了讲台，台下的掌声经久不息。班主任老师没想到狄军会这样对待自己，感动得当即流下了眼泪。狄军自从原谅了伤害过自己的班主任老师后，再也没有做过噩梦，从此他变得更加阳光和快乐了。

每个人都有可能做错事，也都有可能在无意之中对他人的心灵造成巨大的伤害，有时你并不知道自己的言语和行为会对别人产生多大影响，别人也一样，在伤害你的时候同样没有过多考虑。如果有人在不经意间深深刺痛了你，时过境迁，你要学会原谅，记恨是毒药，会让自己越来越痛苦，只有原谅才能让你获得彻底的解脱，重拾人生的快乐。

05. 宽容别人就是善待自己

宽容是一种智慧，也是一种情怀，宽容别人就等于善待自己。

人在年轻气盛时，性格大多比较偏激和极端，对待别人的错误绝不宽恕，非要把别人逼到死角，在伤害他人的同时其实也在伤害自己。宽容别人就是善待自己，用宽容的眼光看待世界，家庭和友谊才能稳固，事业才能长久。对家人宽容，才能体会亲情的可贵，对朋友宽容，友谊才能长存，对同事宽容，人际关系才能和谐，对恋人宽容，爱情才能瓜熟蒂落。

唇齿也有彼此碰撞的时候，人与人之间难免会出现摩擦，即使错在别人，你也不要得理不饶人，而要给予别人弥补过失的机会。宽容是一种智慧，也是一种情怀，宽容别人就等于善待自己，在以宽容的态度对待外界时，你的心也会由尖锐变得柔和起来，由冰冷变得温暖起来，心胸开阔之后，你眼前的天地也将变得无限辽阔。

冯云在订婚仪式上，深情款款地望着自己心爱的女友，在亲朋们的祝福声中，他憧憬着未来美满的婚姻生活。然而女友却背弃了执子之手与子偕老的约定，牵起另一个小伙子的手，满含歉意地对他说："对不起，我觉得我们两个在一起是不会幸福的。"正沉浸在喜悦中的他呆住了，他真没想到女友会移情别恋，而且会在两个人的订婚仪式上宣布这样的结果。宾客们都用诧异的眼光打量着他们三个人，冯云感到十分难堪，他恨不得立即找个地缝钻进去。

冯云女友悔婚的事情在小城里传得沸沸扬扬，他将其视为奇耻大辱，仓皇逃离了家乡的小城，他暗暗发誓将来一定要做出一番大事来，风风光光地荣归故里，以此洗刷自己的耻辱，找回失去的尊严。20年后，他成了著名的畅销书作家，写出了很多部脍炙人口的好作品，回到家乡后，他受到了热烈的欢迎。有一位朋友问他："你还记得吴婷吗？""当然记得，她曾经是我的未婚妻，差点就成了我的新娘。"当初这个女孩给了冯云莫大的羞辱，让他在人们面前抬不起头来，他曾经那样深沉地爱过她，最终得到的只有伤害，他怎么可能将她遗忘呢？

"她背叛你之后，自己也过得不好，她和她的丈夫多年来一直生活在贫困中，几乎一直靠举债度日。"朋友以为冯云听到这个消息会很高兴，没想到冯云却说："我感到很难过，真没想到她会过得这样艰难，我这里有一些钱，请你转交给她，不要告诉她这笔钱的来源，以免她误以为我想借此羞辱她。"朋友感到很奇怪："她让你丢尽了脸面，难道你就一点都不怨恨她吗？"冯云说："20年前，我怨恨过她，不过这件事情已经过去了，我不可能永远怀着怨恨生活。"

后来，在一个非常偶然的情况下，冯云与曾经的女友相遇了，他们不再年轻，脸上都染上了岁月的风霜。起初女友见到他，还感到有几分尴尬，不过没过多久，她就开口打破了沉默："这些年来，你过得还好吗？你已经有了家室了吧？"冯云说："我过得很好，娶了一个贤淑的妻子，儿子现在在读中学。""那你还恨我吗？"女友试探着问。"不恨了，岁月教会了我宽容，过去的就让它过去吧。"冯云说。接着两个人就像一对久别重逢的老朋友那样聊起了家乡的变化。探完亲后，冯云离开了家乡，他早已没有了洗刷前耻的想法，已届中年的他心态早已完全平和了，他并不为错过女友而痛惜，因为当初如果不是女友的决绝，他也许找不到与自己两情相悦的女人，也不会过得像现在这样美满和幸福。古人说有情人终成眷属，或许冥冥之中自有天意吧。

容人之失是一种气度，正所谓"人非圣贤，孰能无过"，我们不能苛求别人永远正确，而要学会体谅他人的弱点，原谅别人的过失，放下怨恨，与曾经伤害过自己的人握手言和，唯有如此，我们的心境才能更加宁和，所有的伤害才能像云烟一样消散。

06. 放弃对抗的姿态，和世界讲和

> 和世界讲和，把更多的精力和能量投入到开创美好未来上，而不是与世界和他人的对抗上。

世界是五彩斑斓的，它很美，也很复杂，里面是形形色色的人，有的人让你崇拜，有的人让你喜欢，有的人让你讨厌。有些人值得你去深交，有的人适合擦肩而过，有的人你不想理会却总是与其纠缠不清。世间百态，林林总总，总有你看不惯的事物和人，如果你没有豁达的心胸，就会变成与天斗与地斗与人斗的斗士，与全世界对抗，你会累得精疲力竭，却不会改变任何事情。

青春年少时，你也许会对俗世不屑一顾，甚至以反叛的姿态来挑战一切既定的规则，时常忍不住抨击和指责他人，可到了一定的年龄你就会发现，当初的那种激烈对抗只是一种莽撞。世界不完

美，它不会因你而改变，苛求世界、苛求别人，受伤的只有自己。与其如此，还不如接纳这个客观现实，放弃对抗的姿态，和世界讲和，然后尽自己的绵薄之力传播正能量，让世界多一份美好。

田国滨近日来一直忙着为公司争取重大项目，他旗下的分公司出现了财务危机，如果他能拿下重要项目，获得一笔资金，就能缓解公司的燃眉之急。有一次他在酒吧里遇到了自己的大学同学肖齐，两人就多喝了几杯。酒过三巡后，田国滨开始向肖齐大吐苦水，说自己现在压力如何大，如果再拿不下某某公司的重大项目，公司的经营就会出大问题。肖齐安慰他说，不必太过焦虑了，所谓船到桥头自然直，事情总会被解决的。田国滨拍了拍老同学的肩膀，又喝下了好几杯烈酒，那天他都不知道是怎么回家的。醒来以后已然躺在了自家的床上，他想也许是肖齐开车把他送回家的，不免对老同学的照顾生出几分感激。

本来田国滨和客户方洽谈得很顺利，眼见双方就能签合同了，不想后来半路杀出个程咬金来，大单被别的公司抢走了。田国滨心有不甘，就派人打听竞争对手的状况，当他听说竞争对手的总经理就是自己的老同学肖齐时，猛然一惊，顿时明白了事情的前因后果。一定是他醉酒后透露了自己公司的财务状况，才让对方抓住了把柄，本来即将谈好的一个大单就这样成为了泡影。为了证实自己的想法，田国滨旁敲侧击地询问客户方拒绝合作的理由，客户方很直接地说："听说贵公司最近财务十分紧张，我是担心你们经费不足，研发不出我们所需要的产品。""这个消息是不是现在与你们合作的那家公司透露的？"田国滨进一步问。客户方没有回答，其实也算是默认了。

征战商海多年，田国滨自然懂得商场如战场的道理，可被自己的老同学出卖他还是觉得难以接受，遥想当年，肖齐是多么单纯的

第九章
宽容的心态，感恩的情怀

一个人，而今却变得那么冷酷无情，在慨叹物是人非的同时，他更憎恨起眼前的现实世界来。公司不断走下坡路时，他变得愈发郁郁寡欢，看所有人都开始不顺眼，手下的员工已经人心浮动，不少人都伺机跳槽。他想，这些人果真都这么薄情，以前他可从没亏待过任何人，给了他们多少奖金分红，他们自己心里是有数的，眼下公司暂时遇到了一点困难，就纷纷想弃自己而去，人性就是这么自私。

老同学抢了自己的生意，手下的员工只能同甘不能共苦，田国滨一边感慨人情的凉薄，一边咒骂这个不完美的世界，他以激烈的方式向自己看不惯的人发出了警告。首先他把肖齐大骂了一顿，还把肖齐做过的不地道的事写下来，发到了同学圈和好友圈里，让大家一起声讨肖齐。然后他对手下员工实施了铁腕政策，任何对公司抱有微词的员工都会立即被开除，搞得公司上下人心惶惶。

报复别人并没有让田国滨过得更好些，相反，他感到无比疲惫，甚至完全迷失了自己。他不知道自己从什么时候开始变得好斗的，如今的他几乎想向所有人宣战，也想向整个世界宣战。在相当长一段时间里，田国滨几乎日日喝酒买醉，好几次醉得不省人事，公司只能靠几个铁杆助手打理。有一天他刚刚举起酒杯，就看见肖齐向自己走来，他怒不可遏，把酒泼了肖齐一身。肖齐却没有半点反应，而是内疚地对他说："我是不该抢你的大单，更不该用那么卑劣的伎俩，你恨我是天经地义的，当时我的太太生了重病，急需一笔昂贵的手术费，我抢了你的生意是为了多拿些提成，凑足手术费。现在我太太手术成功了，我特来向你负荆请罪，当然你可以不原谅我，但是请收下这张银行卡，里面有八万块，是我卖车得来的，希望能帮你缓解一下危机。"

田国滨没想到事情的真相竟然是这样，他收下了肖齐的银行卡，用里面的钱给员工发了工资，对肖齐的怨恨也减轻了。他猛然明白了，人性是有自私的一面，世界也确实很现实，可这一切并不绝对是可鄙的，肖齐为了给太太治病背叛了他，手下的员工为了获得更好的发展而背离了他，这些也都是人之常情，他不该要求人人都无私和完美，因为那显然是不现实的。

不要因为对世界的失望和对人性的失望，而整日怨气重重，而要选择接纳世界的不完美和人性的种种缺陷，和世界讲和，把更多的精力和能量投入到开创美好未来上，而不是与世界和他人的对抗上。

07. 爱，永远比恨更有力量

> 世上能与恨相对抗的力量只有爱，爱能消解仇恨，温暖伤痛，融化冰雪，扫除阴霾，它像阳光一样普照大地，给世界带来光明与生机。

梵高说："爱之花开放的地方，生命便能欣欣向荣。"的确，爱是滋养生命的养料，拿走它，世界就会变成一片荒漠。爱的反面便是恨，恨的力量是很强大的，一个人长久地恨一个人或一件东西，即使所恨的确实可恨，所反对的也应该反对，但天长日久，恨意与日俱增，便会让自己变成所恨或所反对的那类人。人若心中充满了恨而没有爱，就会感觉不到阳光的明媚，感知不到人世的美好，终日与所厌恶的东西纠缠不休。世上能与恨相对抗的力量只有爱，爱能消解仇恨，温暖伤痛，融化冰雪，扫除阴霾，它像阳光一样普照

第九章
宽容的心态，感恩的情怀

大地，给世界带来光明与生机。

在这个世界上，没有什么歧途不可以回头，可恨之人若是浪子回头，你便没有必要再恨下去，尤其对于与自己关系亲密的人，更是要给对方修补感情裂痕的机会。宽容永远比惩罚更有力量，让奇迹消失的，往往不是对方犯下的错误，而是你那颗冰冷的不肯原谅的心。其实爱恨就在一念之间，与其用恨来折磨对方和自己，还不如用爱来抚平彼此的伤痛。

何晓辉非常恨自己的父亲，自从父亲和母亲离婚后，他对父亲的恨便一刻也没停止过。因为母亲去了国外，他只能选择和父亲一起生活。父亲是个粗心的人，从来就不顾忌他的感受，也没有悉心关注过他的成长。和母亲离婚不到半年，父亲就再婚了，娶了一个刻薄的女人。自从这个陌生的女人来到他家，他和父亲的关系变得更加紧张了。他的继母明显不喜欢他，不愿意家里出钱给他买运动服，甚至不想让他读大学。而父亲对他也日益冷淡，那时的他正处在青春期，性格变得叛逆，动辄就和父亲吵嘴，即便父亲把手高高地扬起，眼见自己要挨耳光，他依旧倔强地梗着脖子不肯服输。

后来，家里添了新成员，父亲和继母生了一个白白净净的儿子，何晓辉在家里更加没有地位了，看到父亲对新出世的儿子那么宠爱，眼角的皱纹都笑得舒展开来，他的心里就很不是滋味。他明显能感觉到父亲很爱这个小生命，然而却不爱自己，同样都是儿子，手心手背都是肉，作为一个父亲，怎么可以这样厚此薄彼呢？何晓辉对父亲的恨又深了几分，他想自己在这个家里已然成了外人，留下来又有什么意思呢？他计划着离家出走，可惜事先被父亲发觉，计划泡汤了。"你要是不喜欢这个家，不想看到我和你妈妈，就报考外地的大学吧，如果这是你的意愿，我会尊重你的决定。"父亲很认真地说。"她不是我妈妈。"何晓辉抗议道。但转念一想父

243

亲建议他到外地读大学，足以说明他还是有机会念大学的，看来那个女人没有对父亲产生多大影响。

何晓辉如愿考上了外省的一所重点大学，从此他基本上脱离了那个让他怨恨的家。他每半年回一次家，回到家里像例行公事一样汇报一下自己在校的情况，就到离家不远的工厂打工去了，寒暑假的大部分时间他基本上都是在工厂度过的，和父亲在一起的时间少之又少。他原本以为这样心里会好过些，心头的恨意却丝毫没有减轻，他恨父亲的冷漠，也恨自己没出息，居然像渴望水源那样渴望亲情，明知自己得不到，还总是对其抱有幻想。

大学毕业后，何晓辉想要到南方求职，父亲却希望他能留在家乡发展，他这才猛然发觉父亲老了，两鬓生出不少白发，背也微微有些驼了。父亲似乎想要做出弥补，然而他觉得两代人之间情感的沟壑是永远也填不平了，于是毅然绝情地南下。两年以后，他收到了父亲病重的消息，他来不及多想，当即买了机票，以最快的速度飞到了父亲的病床旁，他这才意识到自己究竟有多么在乎这份沉甸甸的亲情。

看到躺在病床上面容憔悴的父亲，何晓辉难过不已，他这才明白其实自己对父亲的恨都源自爱，爱的缺失转化成了深深的恨，而现在他已经不恨了，他想用爱来弥补彼此的伤害。随后的日子里，他精心照料着父亲，父亲的病情渐渐有了好转，医生说这主要是因为心态转好的缘故，所谓百病由心生，心情愉快，病就好得快了。何晓辉最后和父亲和解了，他意识到他们再也忍受不了彼此折磨，与其继续恨下去，还不如相互原谅，这对父子在互相漠视了那么多年以后，终于又重拾了骨肉亲情。

恨会使人变得内心阴暗和冰冷，它带来的唯有愤怒和痛苦，并不能缓解自己内心的伤痛。比恨更强大的力量便是爱，心中有爱的人，可以用超然和从容的心态包容自己所经历的一切，能够超越沧桑，超越痛苦，重拾人间美好的真情。爱比恨更伟大，在这个世界上，没有什么是不可以原谅的，学会原谅别人，善待自己，说明你真正成长了。

08. 告别"温室花朵"角色，学会感恩和担当

> 作为一个成年人，你应该懂得对亲人感恩，同时肩负起自己的责任，做一个有担当有责任感的有志青年，靠自己的努力来赢得自己向往的生活，实现美好的人生理想。

当今社会，独生子女众多，很多孩子都是在娇生惯养的环境中长大，俨然就像温室中的花朵，经不起风吹雨打，抗挫折能力差，而且缺乏责任感和感恩心态。长大便意味着担当，一个人从青涩走向成熟，必须独立去面对人生中的种种难题。所谓的成长，就是逼着你跟跟跄跄地跌倒受伤，在跌跌撞撞中一天比一天坚强。

有些年轻人由于心理比较脆弱，在遇到困难或挫折时会憎恨命运，甚至迁怒于身边的人，责怪父母没有更多的资源，怪罪亲戚朋友不能助自己一臂之力，这显然是一种自私和软弱的表现。人应当学会独立和感恩，感谢家人对自己的关爱与付出，感谢一切关心自己、爱护自己的人，而不是一味索取和埋怨，要依靠自己的力量来解决现实生活中遇到的各种问题，这才是一个成年人应有的姿态。

胡飞是一个海归族，回国以后一直高不成低不就的，看到留在国内的大学同学都发展得比自己好，他觉得人生非常失意。有一次

同学聚会，有位同学竟然公开嘲讽他："你是镀金回来的高级人才，现在在哪高就呢？"他分明已经告诉大家自己目前正在找工作，这种明知故问的态度分明就是一种挑衅。胡飞当场就翻脸了："我早就说过我在找工作，你没听见吗？你有什么了不起的，不就是在自己家公司里工作吗？如果你父母没有创办公司，也许你还不如我呢！"说完，胡飞就愤然离席而去。

回到家里，胡飞还在生闷气，父亲见儿子不高兴，就关心地问遇到了什么不开心的事。胡飞没好气地说："还不是因为找工作的事吗？你要是有本事创办公司，我还用满大街找工作吗？我的同学小王直接接管家族企业，至少少奋斗20年，我呢，留过学又有什么用，还不是找不到好工作？"父亲没想到儿子会这样想，居然把待业的责任推到自己身上，但转念一想可能儿子找不到合适的工作心烦，就没跟他计较。母亲听到这番言论却再也坐不住了，她忍不住用教训的口气说道："你也不是小孩子了，不能事事都依靠父母，我们不可能对你的一生负责，把每一步路都为你铺好。"谁知胡飞听到母亲的批评后，非但没有丝毫悔悟，反而气得叫起来："你们就是没本事，看看人家小王的父母，你们真是连人家的十分之一都不如。"

"不许你用这种口气对你妈妈讲话。"父亲生气地说，"你已经长这么大了，怎么这么不懂事呢？看来是我们把你宠坏了，让你变得这么任性和自私。你可以不感谢我们把你抚养成人，因为养育儿女是做父母的责任，你也可以认为我们对你所有的付出和关爱全都是理所当然。现在你长大了，应该像个堂堂正正的男子汉了，不要去做扶不起的阿斗，自己挺直脊梁去奋斗，别整天待在家里发牢骚。"

胡飞没想到好脾气的父亲会发那么大火，一时哑口无言了。或许父亲说得对,他自己发展不顺,本不该怨恨父母,一直以来父母对他都是关怀备至的,为了让他出国留学,多年以来,父母一直省吃俭用,可他却一点也不知道感恩。想到这里,胡飞心里充满了内疚,他郑重地向父母道了歉,并表示以后自己会更加努力地找工作。

第二天,胡飞带着精心准备的简历就往人才市场跑,当天他还是没有找到合适的工作,此后他更加积极主动地求职。两个月后,他收到了一家集团公司的面试通知,面试进行得很顺利,他得到了一份相对理想的工作,主要职责是负责数字芯片的研发。这项工作任务很繁重,压力也比较大,倘若开发不出有价值的产品来,所有的工作都白做了。在那段忙碌的日子里,他几乎每天都在加班,虽然工作辛苦了些,可他却平生第一次有了强烈的成就感,因为他终于有了那种担当和独立的感觉。经过一番苦战,他终于和项目组的同事一同研发出了新产品。拿到第一份工资时,他感到十分激动,之后他用这笔钱给父母各买了一件非常保暖的大衣,他的父母感到十分欣慰,连夸儿子确实长大了。

年轻人在步入社会前,比较缺乏历练,担当的机会少之又少,因此不理解生活的艰辛,也不了解父母的不易,认为自己得到的一切都是理所当然的,甚至把自己工作、事业上的不顺转嫁到父母或者其他亲人身上,这是典型的幼稚做法。作为一个成年人,你应该懂得对亲人感恩,同时肩负起自己的责任,做一个有担当有责任感的有志青年,靠自己的努力来赢得自己向往的生活,实现美好的人生理想。

09. 割掉心灵上的"毒瘤"——怨恨

> 放开怨恨，就像放开手中沙，你的内心才能变得澄澈和温暖起来，你的人生才能重现阳光和欢笑。

对人最有害的东西，莫过于无休止的怨恨，当你把恶毒的能量对准他人时，往往会反伤自身。人心只有一只拳头那么大，如果你让它装满了怨恨，那么它就没有容积去装美好的事物了。怨恨实际上是用别人的缰绳来勒自己的脖颈，它会让你呼吸不畅，痛苦不堪。人常道，对他人的宽容就是对自己最大的解脱，远离怨恨，割掉心灵上的毒瘤，你的心灵才能得到最大的自由。

生活之中，不只只有美好，还有阴霾，人与人的相逢未必都是美好的回忆，总会有人伤了你的心，或者让你分外失望。对于缘分浅的人，就让他们成为过客吧，对于还会碰面或者还要继续相处的人，也不要继续怨恨下去了，淡漠、遗忘或者化敌为友，都比没完没了的怨恨要明智得多。因为怨气严重损害身心健康，会让人变得内心丑陋，面目狰狞，甚至丧失自己本来的面目。

毕淑敏有一次见到了一位阔别多年的女友，在印象之中，那位女友是个清秀柔静的女子，可再见面时，她却仿佛完全变了个人。对于这种惊人的转变，毕淑敏半天都没有反应过来。女友看穿了她的心思，问道："我变老了，是吧？"毕淑敏张口结舌，不知如何作答，只能嗫嚅着说："我也老了，咱们都老了，岁月不饶人嘛。"女友进一步问道："我不仅变老了，而且变丑了，是吧？"

第九章
宽容的心态，感恩的情怀

很显然，女友很清楚自己相貌气质上的变化，但毕淑敏并不想用直言刺伤她，于是换了一种相对温和的说法："好像也不是丑，只是你和原来不一样了，好像变了一个人，气质完全不同了。""你知道我的婚姻很不幸福吗？"女友问。毕淑敏坦诚地说知道一点，女友又说从脸上就能看出女人是否幸福。怨妇总是一脸苦相，而无忧无虑、天真烂漫的女孩子就不是那种面目，所以不幸福的中年妇女和年轻快乐的女孩子就是两种相貌。

毕淑敏承认生活确实可以改变一个人的相貌，但也不是绝对的。女友不同意这种看法，她坚持道，生活绝对可以雕刻一个人的容貌，比如老年妇女差异就很大，有的慈眉善目，有的却看起来狰恶。她又说自己就属于后者。毕淑敏不知道该怎么继续这个话题了，只好说照片上的老人都是面容慈祥的。女友却尖锐地说，是呀，那些不慈祥的，都会短寿的，她就属于那一类，不可能长寿的。

女友的语言太过锋利了，看得出来，她生活得很不幸福，而且满腹怨气，毕淑敏很想转移话题，可一时也找不到别的话说，于是便问她如何看待自己相貌的变化。女友回答说她之所以那么肯定生活绝对可以改变一个人的面目，是因为这样的事就在她自己身上发生了。她的婚姻很不幸福，离婚又是不现实的，她每天都生活在无尽的怨恨中，镜子中的自己一天天变得面目狰厉起来，当然，相貌的改变不是在一天中发生的，对于微小的变化别人是看不出看来的，但她能感受得到。凭借这样的经验，她相信相由心生是百分之百准确的。

面对女友有理有据的分析，毕淑敏无话可说，最后她只能沉默了。每次想起那位女友，毕淑敏都感到自己的心在隐隐作痛。女友曾是那么聪慧和美丽，只可惜被怨恨绑架了，变成了连自己都不认识的样子。她感叹地想,心理的不健康对人的摧残真是太大了,即便不能百分百确定它会让人变丑,但怨恨确实会导致各种疾病。为了不得病,不变丑,人应该远离怨恨,让爱意盈满心间,健康快乐地生活。

不去怨恨,不是为了别人,而是为了自己,负面情绪常驻心间,受到伤害最深的是自己,不要让世间的纷纷扰扰乱了自己的心境,无论别人做过多么过分的事情,都不值得你长久地怨恨。放开怨恨,就像放开手中沙,你的内心才能变得澄澈和温暖起来,你的人生才能重现阳光和欢笑。

10. 善良是抚平伤痛的良方

善良能使人灵魂变得圣洁,胸怀变得宽广。

善良是全世界都通用的语言,它可以使盲人"看见",聋人"听到",它能驱散世间的寒冷,横扫所有的冷酷,治愈一切的伤痛。善良能使人灵魂变得圣洁,胸怀变得宽广,一个心存善良的人,无论受到过怎样的伤害,都不会让自己的人格变质,因为怀有悲悯之心,便会像同情自己一样同情别人,对他人的苦难感同身受,在帮助他人的同时疗愈自己。

人在成长的过程中,不能完全避免受伤,事实上,人在不同的人生阶段,都会受到大大小小的伤害,有些伤害微不足道,很快被时光吞没,有些却在你的生命中留下了深刻的印记,常常会隐隐作痛。时间可以抚平伤痛,前提是用善良为药方,只有放下愠怒和仇

第九章
宽容的心态，感恩的情怀

怨，善良地对待自己和他人，你心灵上的伤痛才能完全消退。

有一张新闻照片曾经轰动了全世界，照片上的越南小女孩在遭遇凝固汽油弹袭击后，裸身仓皇奔逃，眼神里满是痛苦和惊吓。这张照片获得了普利策奖，在美国激起了声势浩大的反战浪潮，加速了越南战争的结束。

那名小女孩时年九岁，名叫潘金福，由于身体被大面积烧伤，她险些死去，经过长期痛苦而漫长的治疗后，才终于捡回了一条命，然而那段噩梦般的回忆却并没有离开她，身上狰狞可怖的伤疤时常让她想起那段可怕的往事。43年以后，她仍记得那段生死奔逃的场景。那天，她和家人听到美国的军用飞机从头顶上盘旋而过，一家人便立即跑出去躲避炮弹的轰炸，就在他们奔逃时，一枚凝固汽油弹从天而降，点燃了她的衣服，她的脖子、背部和左臂都被烧伤了，钻心的剧痛向她袭来，为了不让自己受到更多的伤害，她快速地脱下正在燃烧的衣服，哭喊着继续奔逃。

事后，潘金福在医院进行了一年多的烧伤治疗，她陆续接受了十多次植皮手术，身上的伤痕依然历历可见，然而比有形的伤痕更难复原的，是心灵上的巨大创伤。经过十多年痛苦的挣扎，潘金福选择了原谅，她的内心在经历了漫长的煎熬之后，终于归于平静。那张照片刊载后，在国际社会引起了强烈的反响，人们对战争进行了更深刻的反思，呼吁和平的呼声一浪高过一浪，潘金福也因此成了反战的标志之一。

潘金福作为越南战争的直接受害者，并没有向任何人宣讲仇恨，或者发泄负面情绪，而是以冷静的姿态到世界各地讲述自己的故事，她不想让发生在自己身上的悲剧在其他地方上演，希望能为促进人类和平尽一份力。潘金福广泛参与国际公益活动，她说："我们不能改变过去，但每一个人都可以为缔造未来的和平而努力。"

后来一个叫约翰·普拉默的老兵声称自己就是那个当年从飞机上扔下凝固汽油弹的人,并在公开场合向潘金福道歉。面对这个给了自己重大创伤的人,潘金福选择了宽恕。1997年,潘金福担任联合国教科文组织亲善大使,并在美国建立了自己的基金会,为战争中的儿童提供药物和心理帮助。虽然受过战争的创伤,潘金福却没有因伤痛迷失,而是把更多的爱送给了那些同样遭受痛苦和不幸中的人们,这种精神无疑是难能可贵的。

我们所受到过的伤害是无法和潘金福相提并论的,潘金福和伤痛转化成了善良的力量,为自己疗伤的同时,帮助了更多和自己同命相连的人,她高举着和平的旗帜,呼吁人们停止战争,为人类的和平发展倾尽了自己的心力。我们在面对伤痛时,是否也能持同样的态度,把伤害转化成助人的力量呢?人在痛苦中容易迷失自我,甚至滑向阴暗面,而善良是净化灵魂唯一的解药,能让人在自我救赎中产生同理心,投入到积极助人的行动中,因此从某种意义上说,善良是抚平伤痛最好的药方。

第十章
努力提升自我，在蜕变中完成超越

在这个瞬息万变、竞争激烈的时代，有危机意识的人都在全力奔跑，如果你原地不动，便会被超越，进步缓慢，还是会被超越，脱颖而出，将来有一天也可能被超越。你若想保住自己的一席之地，获得更好的发展，就必须不断提升自我，在痛苦的蜕变中不断超越自我、完善自我，增强自己的综合实力，如此才有可能在未来让自己立于不败之地。

一个有上进心的人，应该在追求中超越，在蜕变中走向卓越，决不允许自己停滞不前。成长本身就是一次次蜕变的过程，只有经历数次蜕变，你才能迈向成熟，让自己变得更沉稳更优秀。不要轻易满足现状，也不要为自己的人生设限，年轻的你还有很漫长的道路要走，还有无数座高峰要征服，所以一定要迫使自己尽快进步和成长，为美好的未来擎起一片蓝天。

在安静中，不慌不忙地坚强

01. 成熟比成功更重要

> 无论你站得多高，头顶有多少光环，如果没有一颗成熟的心，就不可能拥有幸福的人生。

每个人都渴望成功，可成功不等于幸福，不成熟的人错把成功当成了幸福，睿智的人却晓得成熟比成功更重要。一个成功但不成熟的人，即使名利双收，坐拥令人咂舌的资产，人生也会活得走样。我们常看到一些人猛然成为一匹黑马后，变得浮躁和空虚，不再珍惜生活，也不再关心家庭，对他人也变得傲慢起来，结果在短暂的辉煌后迅速败绩，搞得自己四面楚歌。还有一些人能力过人，但心态幼稚，不知道自己肩上的责任，也扮演不好自己人生的各种角色，在事业上是成功的，在做人上却是失败的，其实这种成功早已大打了折扣。

成熟对于一个人成长的意义，要重于成功，人生犹如一部剧，每个人只能书写一次，不成熟的人草草落笔，把自己塑造成了外强中干的样子，而成熟的人则会踏踏实实地书写自己的人生，让生命变得丰富、充盈，富有内涵。一个成熟的人，不但事业蒸蒸日上，还能把家庭经营得温馨和睦，同时能与他人建立起融洽和谐的关系，使自己获得想要的幸福。而不成熟的人，只是盲目地追求功名利禄，忽略了人生中的其他内容，使自己严重背离了幸福的真谛。

熊炳娟是个聪明伶俐的女孩，她不但人长得非常漂亮，而且工作能力超强，是大家公认的白领丽人。熊炳娟觉得自己很成功，她年纪轻轻就事业有成，而且容貌姣好，丽质天成，不知有多少女人

第十章
努力提升自我，在蜕变中完成超越

羡慕自己。除了自身条件不错外，她还有一个令其引以为傲的资本，那便是她那国内知名大学毕业的硕士生未婚夫，这个未婚夫长得一表人才，而且是个高级技术人才，人们都说他们是珠联璧合，熊炳娟听到这样的赞誉，更是心里乐开了花。

没过多久，熊炳娟就嫁给了自己心目中的白马王子，她以为自己将成为世界上最幸福的女人。可婚后不到三个月，她就苦着脸回到父母家，声称想要离婚。父亲大吃一惊，连忙问究竟发生了什么事。熊炳娟委屈地说，结婚之前对方总是宠着自己，结婚后就完全变了一个人，不但要求她做家务，还总说她有大小姐脾气。父亲默默地听完女儿的哭诉，不但没有安慰她，反而严厉地批评了她："炳娟，你不仅是我的女儿，现在还是别人的妻子，将来还会成为一个母亲。你事业有成，爸爸很为你骄傲，但是一个人不是只有事业就够了，你必须成熟起来，学会担当，扮演好自己人生的角色。作为一个妻子，你应该懂得温柔体贴、知书达理……"父亲的话还没说完，熊炳娟就听不下去了："我是什么样的人，结婚之前他就已经很清楚了，我就想做我自己，不希望为他而改变，从小到大我都十指不沾阳春水，他凭什么要求我做这做那，我都已经准备请保姆了，他却偏偏不让请，真是气死我了。他的工资都没有我高，还想在家里比我更有发言权，我当然不服气。"父亲又苦口婆心地说了很多话，熊炳娟就是听不进心里去，最后还是选择了离婚。

让熊炳娟没有想到的是一次失败的婚姻居然对她产生了那么深远的影响，结婚之前，她不乏优秀的追求者，可后来绝大多数人选择对她望而却步，他们认为她太强势太任性了，是个被宠坏了的大小姐，绝非理想的结婚对象。就这样，熊炳娟保持着长期的单身生活，她丝毫也没有什么危机感，她想自己这么优秀这么漂亮，是不可能没有人喜欢的。

熊炳娟一直都是很自恋的，在工作场合她向来雷厉风行，追求效率和完美，对下属有着超高标准的要求，对待别人素来不留情面，因此被办公室的同事称为"母老虎"。熊炳娟并不认为这个绰号有什么不好，反而把它当成一种褒奖。后来公司很多部门进行了改组，老板说要充分发扬民主作风，让员工自己选出满意的领导，熊炳娟的得票少得可怜，她眼睁睁地看着能力远不及自己的员工被提拔成了新任的领导，而自己却一天之间变为了普通员工，她心里很是不平。事后老板对她说："你的工作能力公司上下都是认可的，但是在为人处世方面你还是有很多欠缺，你的下属大部分都不太喜欢你，如果他们不能心甘情愿地配合你的工作，会给公司带来损失的。所以希望你理解现在的人事安排。""我理解。"熊炳娟虽然嘴上这么说，心里却不服气。第二天她就毅然辞了职。

　　此后，熊炳娟在很长的一段时间里都没有找到理想的工作，因为突然有了那么多的空闲时间，她一时不知如何打发，便隔三岔五地请朋友吃饭聊天。她原本是想用友谊来安抚自己那颗受伤的心，没想到人与人之间的关系会那么脆弱，她只不过说错了几句话，莫名发了几通火，就把朋友们全都得罪光了。一个朋友对她说："你真像一个不懂事的孩子，跟你相处真没意思。"另外一个朋友说："别人不是你的父母，不可能事事都让着你，提高一下自己的情商，对你的将来是有好处的。"

　　成功的人未必成熟，不成熟的人只有成功的外表，却没有成功的内核。一个真正成熟和睿智的人不会单纯追求狭义的成功，而会把更多的精力放在追求人生的幸福上。无论你站得多高，头顶有多少光环，如果没有一颗成熟的心，就不可能拥有幸福的人生。成熟比成功更重要，如果你足够成熟，即使不成功，也能构建幸福美满的人生，而这比一切沽名钓誉的虚荣都更实际也更重要。

第十章
努力提升自我，在蜕变中完成超越

02. 做命运的主人，把握自己的人生之舵

> 在人生的每一个十字路口，为自己开一盏绿灯，在人生的每一个渡口处，把勇气化作最有力的船桨，你的人生之旅才有可能出现通途。

对于"命运"这个词，人们皆会生出一种说不清道不明的敬畏感和无力感，在强大的命运面前，人似乎就是渺小和脆弱的，有很多人笃信发生在自己身上的一切都是命中注定的。事实上认为自己能完全改变命运的人并不多，许多人在苦苦奋斗无果的情况下早已放弃了对自己命运的掌控权。

世上为什么会有人不思进取、消沉度日呢？因为他们觉得自己无力做命运的主人，所以做了命运的奴隶。仔细观察一下，你会发现那些一辈子原地踏步的人大多对命运抱有消极的看法，而那些真正从逆境中走出来的人才，从来就没有放弃过对命运的抗争，他们相信自己有能力掌控人生的航向，所以战胜了命运，成就了自己。

何志雄是一名脑瘫患者，两岁时父母就发现他和别的孩子不一样，同龄的孩子早就能走路了，可他不但不能坐，甚至连爬都不会。父母带着他到医院检查才知道自己的儿子患有脑瘫。命运是残酷的，一个两岁的孩童并不知道这个诊断对自己意味着什么，那时的他跟着父亲艰难地学习走路，没走到两步，他就会一头栽倒，重重地摔下去，可就算摔得鼻青脸肿，父亲也不肯扶一下。幼小的何志雄无法理解父亲的做法，在他的记忆里，父亲是一个严厉和冷酷无情的人。长大后，他才真正理解那份深沉的父爱，若不是父亲的

严苛，他恐怕一辈子连正常的走路都学不会。

六岁那年，家人带着何志雄到上海、北京等各大城市治疗，当时父亲做生意赚了一笔钱，何志雄在北京一家非常有名的脑科医院接受了专业治疗，医生给他做针灸和拔火罐，治疗过程是非常痛苦的，何志雄却一直忍住不吭声。虽然在病魔面前他表现得非常坚强，但他的病情并没有出现转机。医生说他的病是没有希望治愈的，但只要加强锻炼，身体的协调能力会逐渐变好的。

一回到家，何志雄就要求父母给自己购买足球、哑铃等运动器材，有了这些器材以后，他每天都要锻炼好几个小时。他的付出没有白费，经过长期的锻炼，他肢体的协调能力越来越强了，如洗澡、穿衣等琐事自己也能做了。对于一个正在成长的孩子来说，只能生活自理显然是不够的，他需要接受正规的教育。母亲不希望他上特殊教育学校，可想让普通学校接受一个脑瘫患儿又谈何容易。为了给儿子争取到入学资格，母亲当着全体师生的面，跪在了老师面前。老师很感动，这才安排何志雄入学。

何志雄因为患有脑瘫，动作比正常人要慢好多，别人穿衣洗漱至多需要半小时，他却要花费好几个小时的时间，为了上学不迟到，他每天都比同学早起好几个小时。他握笔写字也是无比艰难的，通常要好几个小时才能完成作业。参加中考时，由于答题缓慢，他有好多题目都没有完成，离填报的志愿差了15分，最后母亲用真情打动了校长，学校才破格录取了他。

由于行动不便，何志雄不能在有限的时间内答完所有的题目，导致两次高考落榜，后来好不容易收到了一所高职学校的录取通知书。大学毕业以后，何志雄带着简历四处应聘，用人单位不愿聘用他这个残疾人，有的婉言拒绝，有的却冷眼相向："你说话都说不清，我们能录用你吗？"何志雄求职接连受挫，不知如何是好时，残联给他带来了一个好消息，武汉举办了一个名为"残疾人创业培训"的活动，他可以参加这样的培训。何志雄看到了一线希望，积极参加初级培训，由于表现出色，他又被推荐到中级班继续参加培训。

培训结束后，何志雄开办了一家电脑维修店，由于技术较好，经营有方，在不到一年的时间里，他就开设了分店，后来他的连锁店发展到了十多家。在成功改写自己的人生命运后，他没有忘记与自己有着相似经历的人，他积极培训残疾人和下岗失业人员，帮助他们走向自主创业的道路，使其成为连锁店的加盟成员。他相信自己能做到的事，别人经过努力也能做到。

打好一手好牌并没有什么了不起，如果抓到的是一手烂牌，同样能赢得漂亮才是难得的。何志雄先天上有缺陷，他的人生之路要比正常人难走得多，然而面对无情的命运，他并没有认输和气馁，而是靠自己后天的努力改变了人生命运。他的故事告诉我们，任何时候都不能听天由命，无论命运对自己怎样残忍，都不能低头，而要做自己命运的主宰，主动驾驭自己的人生，实现命运的大逆转。世上没有什么救世主，能拯救你的唯有自己，在人生的每一个十字路口，为自己开一盏绿灯，在人生的每一个渡口处，把勇气化作最有力的船桨，你的人生之旅才有可能出现通途。

03. 在最平凡的岗位上闪光

> 只要你有足够的耐性，在最没有前途的岗位上也能绽放耀眼的光彩。

每一个接受过高等教育的大学生，都幻想着找一份体面的工作，渴望快速出人头地，一时很难将期望值降低到与市场环境相一致的水平，但是这种心态进一步加剧了就业困难。

　　大学生的数量呈几何数量增长，而职位新陈代谢的速度跟不上大学扩招的步伐，再加上大学中所学的知识和社会实际严重脱节，大学生普遍实践能力偏差，因此很少有企业会把刚出校门的大学生看成不可多得的人才。大学生如果还是固执地不肯放弃精英的身份，就无法在社会上生存和发展。对于刚踏入社会的大学生来说，最好有从零做起的准备，先努力适应环境，再谋更大的发展，先让自己在最平凡的岗位上闪光，再步步为营地实现自己的人生目标。

　　陆彤刚进公司时，被主管安排做前台接待，在同事眼里，这是公司最没有前途的岗位，所负责的工作无非是接听电话和为客人登记，做这种工作完全是浪费青春和生命，任何一个有理想有抱负的人都不会甘于长期做这样的工作的。陆彤对公司的人事安排却丝毫没有怨言，她说："前途不是选出来的，而是做出来的。"

　　上班第一天，陆彤就精神焕发地投入到了工作当中，她换掉了破旧的登记簿，撕掉了污秽不堪的部门电话联系表，代之以崭新的工作簿。她还在封面上打印了公司的简介，并认真誊写了联系电话表。为了使所有的电话号码烂熟于心，她颇下了一番苦功夫，同事对此很不理解，因为查一次通讯录不过也就是十几秒的工夫，何苦要背诵电话号码呢。陆彤却说自己做这份工作，一定要做到"问不倒，答得快"，不但要对电话和房间号了若指掌，还要对公司的一切做到心中有数。有位同事说："你只是一个前台，何必费那么多心思呢？这种工作做好了又有什么用？老板根本就不会注意的。"陆彤没有和同事争论下去，她依然认真地坚守在自己的岗位上。

　　有一天，有几个新加坡的客户来公司洽谈合作事宜，陆彤把他们领进了大厅。客户们落座以后，谈到对新合作伙伴不是很了解。陆彤一听，上前有礼貌地说："如果可以的话，我可以为你们简单

第十章
努力提升自我，在蜕变中完成超越

介绍一下我们公司的情况。"客户向她投来惊讶的目光，陆彤却镇定自若，她把公司近几年的销售数额、市场份额和运营情况条理清晰地介绍了一遍。等销售经理赶到的时候，客户们忍不住赞叹道："你们公司真了不起呀，一个前台居然对自己公司的业绩情况了如指掌，这是多么难得啊，这说明你们公司的普通员工不仅具有强烈的责任感，而且对企业有着很深的认同感和自豪感，我们对这样的企业很有信心……"由于陆彤给客户留下了良好的印象，直接促成了两家公司的合作。

事后，销售经理问陆彤是怎么记住公司那么多数据的，陆彤说每次公司开例会，她都把各部门的情况做了详细的记录。销售经理听完她的回答，不由得对她刮目相看。销售经理认同陆彤的工作，同事们却不认同，他们觉得她是个天真的傻女孩，在基层岗位还那么任劳任怨，工资又不多付给她，何苦要付出这么多呢。陆彤不理会同事的态度，而是努力把工作做到最好。为了确保电话铃响三下之后便能接通，陆彤尽量减少喝水的次数，以便减少上厕所的次数。同事说这又不是行军打仗，至于这么争分夺秒么。陆彤坚信每个来电连通的都有可能是一个潜在客户，所以马虎不得，她把及时接听电话当成了对自己最基本的要求。每天午餐后陆彤都要把大厅仔细打扫一遍，有的同事说，别傻了，你又不是清洁工，公司已经付钱给物业公司做清洁工作了，你又何必代人效劳呢？陆彤却说："物业公司打扫卫生的时间比公司下午上班要晚半个小时，中午员工进进出出，把地板上踩满了脚印，如果恰巧让客户看到，会影响公司的形象的。"

一年之后，陆彤被评为了公司的优秀员工，获得了一笔不菲的奖金。公司提拔基层员工，领导第一个就想到了她，就这样她由前台转为了经理助理，后来又晋升为了副经理。三年之后经理跳槽到了别家公司，她直接接替了他的职位，成为了公司最年轻的部门经理。

刚刚步入职场时，最重要的不是找到最理想、最体面、最光鲜的工作，而是如何积累丰富的经验为自己加码，不要误以为基层工作经验是完全没有价值的，事实上，只要你有足够的耐性，在最没有前途的岗位上也能绽放耀眼的光彩。别责怪没有人慧眼识珠，如果你真的是珠玉，终有一天会被发现。如果你现在还不是精英，却强求享受精英的待遇，自然会碰一鼻子冷灰。无论时代怎么变幻，大学生的数量怎么快速增长，社会对于人才的需求都不会变，倘若你真是一匹千里马，必然能得到更加辽阔的草原，但前提是你在被伯乐发现之前要做好足够的准备，首先要适应环境，让事态向着对自己有利的方向发展。

04. 大材小用比没有用途好

> 只有经受住了考验，你才能获得大材被大用的机会，而拒绝被小用，你就有可能变得无用。

很多走上工作岗位的大学生都认为自己被大材小用了，不是抱怨找不到对口的工作，就是慨叹怀才不遇，做着毫无技术含量的低级工作。当然，其中有不少大学生确实有能力从事更为重要的工作，缺少的只是机会。然而大材被小用只是其中的一个阶段，你的才华不可能永远被浪费的，在这个把企业竞争归为人才竞争的时代，如果你真的是人才，公司不会一直对你视而不见，因为浪费人

第十章
努力提升自我，在蜕变中完成超越

才对公司而言也是一种损失。

有些学生不甘心被大材小用，宁可长期待业，也不愿意降低自己，从事不重要的工作岗位，这样做显然是太短视了。因为拒绝就业，你永远都得不到展示自己才能的机会，实现自己价值更是无从谈起。其实在初出茅庐时，被大材小用也是正常的，你只有先被小用，才能有机会像别人展示自己的大才，如此你才能拥有更光明的前途。

刘欣从一所重点大学的计算机系毕业后，在一家银行找到了工作，他不仅会编写程序，还会做各种复杂的设计，凭借这些技能，他理应被分配到技术部门。可万般让他没有想到的是，他被分配到了银行下属的一个支行做出纳。刘欣感到非常郁闷，心想自己堂堂一个高才生，又有些编程的基础，凭什么去做出纳员，这分明就是大材小用，看来领导一点也不看好自己，继续留在银行未必会有发展前途，于是产生了辞职的想法。

有一次刘欣和高中同学小黄相聚时，忍不住大倒苦水，小黄说："你有什么可委屈的，至少做的是文职工作。我呢，大学学的是酒店管理专业，毕业之后还得从基层干起，你知道这段日子我都做过什么吗？我在酒店里刷过碗，端过盘子，还为客人订过房间，我现在的工作和服务员没什么两样，就算是这样我都没有唉声叹气，你还在这儿跟我叫苦。"刘欣真没想到小黄比自己更苦，不禁问道："你怎么能忍受这样的安排呢？我若是你，一天也做不下去。"小黄说："我又不可能永远在酒店当服务员。因为没有相关经验，不可能有人聘我直接管理酒店，现在我正处于打基础的阶段，主要是想熟悉一下酒店的基本运营，假如我表现好了，还是有机会晋升到管理者的层级上的。"

听完小黄一席话，刘欣改变了对出纳工作的看法，他说："银行领导也不会让我这个擅长编程的永远做出纳,他这样安排或许是在考验我吧。"此后尽管刘欣还是整天跟储户打交道,做着重复性较强的枯燥工作,他也不再抱怨了,而是力图把每一笔业务做到最好。除此之外他还把小支行的计算机系统健全了,大大方便了大家的工作。刘欣所做的一切,领导都看在眼里,很快就把他调回了银行总部,让他负责电脑管理的业务工作。领导说当初让他做柜台出纳,主要是想让他熟悉一下银行的整个工作流程,之前有好几个计算机专业的大学毕业生,因为经受不住考验辞职了,只有他坚持了下来,如今像他这样踏实的年轻人不多见了,日后一定会对他重点培养。刘欣听完这样的夸赞觉得自己真是受之有愧,当初若不是小黄说服了自己,他很有可能早就离开银行了,哪能得到领导的赏识和重用呢?看来有时候被大材小用也不是什么坏事,虽然不是每个领导都火眼金睛,但只要能把基础性的工作做到无懈可击的地步,自己的才干早晚有一天是会被发现的。

  人尽其才、物尽其用是资源配置最理想的状态,然而对于刚刚走上社会的大学生来说,立即受到企业重用是很不现实的,这就需要你能接受大材被小用的安排,只有经受住了考验,你才能获得大材被大用的机会,而拒绝被小用,你就有可能变得无用。无论如何大材小用总比没有任何用途好,任何一份工作都有人做好,所有的工作都是有价值的,而不工作就创造不了任何价值,更不要提创造更大的价值了。对于应届毕业生而言,不必总为大材被小用而苦恼,若干年后回顾走过的路,你一定会感谢那段时光,因为没有基础性的磨炼,你就成为不了现在优秀的自己。

第十章
努力提升自我，在蜕变中完成超越

05. 在尝试中重新定位自己

> 工作就像鞋子，适合你的才是最好的，试穿是一个必然的过程，但你必须选好一双鞋子，唯有如此你才能走得更久更远。

大学生在就业时，对自己缺乏精准的定位，不知道自己擅长什么，也不清楚如何才能学以致用，长期处在迷茫、焦灼的状态，需要换好几份工作，才能找到自己的人生坐标，更有甚者换了若干份工作也不知道自己适合做什么，干一行厌一行，完全迷失了自己。其实在现实生活中，很少有人在第一次工作时就能找到自己的人生定位，有相当多的人需要不断调试自己，在两次或多次的尝试中，才能找到自己的位置。这本没有什么不正常，可是如果一直处于尝试的状态，不停地换工作找工作就很不正常了。

人的时间和精力都是有限的，不定性必然给你带来巨大的损失，经常换工作就好比你爬不同的山，每次没到峰顶你就中途放弃了，长此下去，就算你爬过再多的山，也看不到山巅的无限风光，所有的努力都将付之东流。找到最适合自己攀爬的那座山，你才能看到"会当凌绝顶，一览众山小"的风景。

田婧刚毕业就进入一家通讯工程公司工作，那时的她完全是一张白纸，什么都不会做，所以能得到一份正式工作她已经很满足了，她没有什么可挑剔的。"五一"节过后，公司老总安排她出差到外地办事处，田婧二话没说就风尘仆仆地赶到了目的地，出色地完成了工作任务。此后老总频繁地安排她出差，她觉得难以适应，毕竟对于一个女孩子来说，长期出差还是很难接受的，所以最后她选择了辞职。

田婧的第二份工作是在一家安防工程公司做技术员，她对这个行业并不熟悉，但是由于可以熟练使用CAD、photoshop、office等常用办公软件，她被公司录取了。这份工作不需要出差，只要朝九晚五地在写字楼上班就可以了，她在公司做了一年，学到了不少东西，后来因为进入了职业倦怠期，对这份工作厌倦了，所以再次辞职了。

田婧不知道自己应该把哪个职业作为自己的终生职业，她走马观花地换了好几份工作，还是找不到方向，为此她感到分外茫然。有一次她在QQ上对好友半开玩笑地说，感觉自己在社会上找不到合适的位置，真想像鲁滨逊那样找个无人的荒岛独自生活，那样的话就不会烦了。好友说："你应该做自己最擅长最有信心做的事，找工作不能太盲目。"田婧说："除了画图和使用软件，我其他的都不擅长啊，以前做过两份技术性的工作，感觉都不太适合，现在真不知道该如何是好了。"好友问："你有没有想过做平面设计？""平面设计的软件虽然我都会用，可是我担心自己不懂色彩，不能适应工作。"田婧苦恼地说。"你可以尝试一下嘛，不尝试你怎么知道自己适不适合。"朋友鼓励她说。

其实田婧也挺喜欢平面设计的，只是她觉得自己在这方面的基础太过薄弱，所以没有勇气去尝试。思量再三后，她报了一个培训班，学习了很多有关平面设计的知识，然后带着自己的作品开始找工作。没想到找工作出奇地顺利，应聘方看了她的作品以后，只是问了几个简单的问题就通知她下周上班了。

现在田婧很享受这份工作，她本来就对构图很感兴趣，使用各种软件也很在行，所以设计出简洁精美的作品还是很容易的。她知道自己只不过是个初级设计师，以后还有很漫长的路要走，但她再也不感到茫然迷惑了，因为她已经找到了自己的位置。虽然找准定位足足消耗了她两年的时光，但她还是感到挺幸运的，她的人生自此以后不再盲目，所以每一天都过得充实而快乐。

大学生在定位自己时，一定要弄清自己擅长什么，否则就会在接连更换工作后信心受挫，很多职场新人无法在就业市场上找到一席之地，最根本的原因是对自己认识不清，又不能发挥所长。其实所谓的庸才不过是放错了位置的人才而已，不是每位求职者都能幸运地一步找准自己的位置，有时需要在多次地尝试和体验中认识自己和发现自己，但这个过程不能太过漫长，否则大好的年华都被白白浪费了。重新定位自己，是为了找到自己的人生坐标，不要因为自己变换角色而惶惑，工作就像鞋子，适合你的才是最好的，试穿是一个必然的过程，但你必须选好一双鞋子，唯有如此你才能走得更久更远。

06. 淡化弱点，强化自身的相对优势

一个人能否取得成就，主要在于他能否最大限度地发挥自身的优势，而不是能多大程度上补全自己所有的短处。

关于自我发展，社会上流行这样一种论调：克服弱点，补齐自己的短板，以求全面发展。为了弥补自身的劣势，人们耗费了大量的时间和精力，然而事实证明这样做并不是完全必要的。弱点并不是你所不擅长的领域，而是妨碍你出色发挥的某些因素。事实上，

没有人是全能的，你不擅长的事情多得数不清，但它们未必会对你的职业发展产生影响。如果你是个天赋异禀的画家，五音不全又有什么关系呢？如果你是名出色的会计师，文采不佳又有什么关系呢？如果你是名优秀的语文教师，英语口语不好又有什么关系呢？

一个人能否取得成就，主要在于他能否最大限度地发挥自身的优势，而不是能多大程度上补全自己所有的短处。你的工作、事业和生活都建立在你的优势基础上，将自己的优势最大化，你才能成为一名优秀的人。当然，你有的优势也许别人也有，你有的弱点或许与很多人并不相同，但是请记住人人都有优势，人人皆有弱点，要想让自己强于别人必须学会强化自身的相对优势，同时淡化影响自己发挥优势的弱点。

纽约华尔街是世界金融中心，那里是成功男人驰骋天下的地方，女性很难在那里立足，然而有一位没有金融背景的中国女士不仅成功在华尔街站稳了脚跟，还成为了华尔街的传奇人物。

她叫裔锦声，毕业于美国一所大学的中文系，拿到博士学位后，她迫切需要一份工作。有一天，她从《纽约时报》上看到了一则舒利文公司发布的招聘广告，要求应聘者要有商学院背景，拥有至少三年金融方面或银行方面的工作经验，并能为公司拓展亚洲市场做贡献。裔锦声不具备舒利文提出的各项要求，她唯一的优势是精通中英文，这项技能对公司开辟亚洲市场会比较有帮助。尽管她知道自己和其他的竞争者相比，并没有什么突出的地方，但还是决定试一试，于是她把精心整理好的个人资料寄到了舒利文公司，结果并没有得到任何回音。她并不打算放弃，每天坚持给舒利文公司打电话，人事部门对她的声音已经非常熟悉，以至于她刚刚开口，便试图用各种理由回绝她。

裔锦声被一次次拒绝后，仍不甘心就这样放弃，最后她拨通了

第十章
努力提升自我，在蜕变中完成超越

舒利文公司总裁的电话，她坦言自己并非商学院的毕业生，也没有金融业和银行业的相关工作经验，但她主修文学，文学就是人学，这门学科使她变得更加善解人意。在攻读博士时，她学会了怎样发现问题和解决问题。她知道华尔街并不欢迎女性，她在华尔街找工作时遇到了很多困难，但这并未使她退缩不前，反而让她更加坚强。她相信自己有能力为公司创造价值，希望公司给她一次机会，合作对双方而言都是有益的。她还说自己已经给公司打了好多次电话，可是都被回绝了。其实公司雇用她，即使她工作做得不好，也不过是损失几个月的薪水，如果公司不想承担这种损失，她愿意免费试用。她连珠炮似的说了很多话，总裁默默地听完，半个小时后，人事部通知她到公司参加面试。

裔锦声顺利地通过了七次严格的面试，最终被舒利文公司录取了。这个消息非常令人吃惊，舒利文拒绝了一百多名有金融背景的求职者，却聘用了一名对金融一窍不通的文学博士，这样的结果确实让人大感意外。裔锦声在金融界苦苦奋斗了五年，因为表现出色，她被提拔为公司的副总裁，成为公司自创建以来第一位外籍女性高级主管。跨国银行争相与她合作，世界顶尖的公司力邀她加盟。而今她已经在华尔街创办了自己的集团企业，其业务是为美国和中国的跨国公司提供人力资源与企业管理咨询服务。

裔锦声在应聘舒利文公司的工作时，劣势明显多于优势，然而对金融业一无所知的她却能击败一百多名有专业背景的求职者，依赖的便是她的相对优势。她精通中文，对公司拓展亚洲业务大有帮助，文学专业的背景使她更懂得如何和别人打交道，凭借着这些优点她成功说服了舒利义公司总裁，顺利进驻华尔街，最后又创建了自己的公司，成就了自己的传奇。

对于初涉职场的求职者来说，由于缺乏相应的工作经验，和经验相对丰富的竞争者相较明显处于下风，但只要找到了自己身上的相对优势，扬长避短，就有机会从众多的求职者中脱颖而出。不要过分在乎自己的弱点和劣势，学会淡化它们，让招聘方把视线集中到自己身上不可多得的优点上，靠亮点获取他人的信任和好感，你就有可能得到心仪的好工作。

07. 提升核心竞争力，让自己变得不可替代

考验核心竞争力强弱的最关键的指标是不可替代性。

在变幻莫测的市场环境中，企业和个人都承受着高压，不少竞争力不强的企业纷纷倒闭破产，竞争力不足的职员则面临着裁员、减薪、无偿加班、福利缩水等困境。但那些具有核心竞争力的公司依然焕发着旺盛的生命力，而骨干员工依旧享受着高福利的待遇，这就是市场竞争优胜劣汰的结果。大到公司，小到个人，要想生存发展，离不开核心竞争力，考验核心竞争力强弱的最关键的指标是不可替代性，因为不可或缺、无可取代，才会在竞争中占据绝对优势。

如果一个人在公司中占据重要地位，一旦离开，便影响公司的运营，那么他便是不可取代的。相反，若一个人的去留对公司不构成任何影响，那他就是可有可无的。在市场经济条件下，稀缺资源永远是有价值的，而不可替代的人才无疑就是稀缺资源。很多劳动者像老黄牛一样兢兢业业地工作，却没有得到过公司高层的垂青和重视，其根本原因就是他们随时都可以被他人取代，并没有什么过

第十章
努力提升自我，在蜕变中完成超越

人之处。要想让自己变得重要，必须提升自己的核心竞争力，让自己变成不可替代的人才，只有这样你才能让自己的事业更上一层楼。

欧阳雪是市区银行的一名柜台人员，月收入不高，她心里很是不平衡，因为她工作的时间并不比营销人员少，付出的劳动也不亚于营销人员，但工资却很少，她有些不服气，便找领导理论："我为公司付出的并不比营销人员少，凭什么工资就比他们低？"

领导说："你觉得自己的劳动量和营销人员没有太大差别，收入却不如他们，认为薪资分配不公平是不是？那么你看看在建筑工地上辛苦工作的工人，他们的劳动量几乎是你的两倍，工资却不如你，你知道这是为什么吗？因为他们随时可以被其他建筑工人取代，这样的人可替代性太强，所以收入少。你的工资高于他们，是因为你能做的事他们做不了，做个柜台收银员也需要相应的技能，比如掌握一定的财务知识，还要能甄辨货币的真假。你再看看工地上画图纸的工程师，他远远不如建筑工人辛苦，工资却是他们的四倍，为什么？因为他们懂技术，不容易被取代。同理，银行行长的薪水是你的好几倍，是因为他们是千里挑一甚至是万里挑一的人物，不能被轻易替代，比较受银行重视，待遇自然高。你若能成为整个银行系统里万里挑一的人物，具有不可替代的价值，我保证你的收入一定很高。"

你的劳动价值取决于你本人的重要性，而非岗位的重要性，如果你的岗位很多人都可以胜任，那么你的竞争优势就会变得不明显。在同样的岗位上，如果你能把自己塑造成行家里手，让自己变得不可替代，也能极大地提升自己的竞争力。

沈恒和周仪是同一家公司的程序员，两个人的入职时间只相差几天，但一年之后他们在公司的地位却发生了巨大的变化。沈恒成为了最受领导器重的专业人才，周仪却还是一名普普通通的员工，究其原因主要是因为沈恒是不可多得的人才，能力和情商远在众人之上，具有不可替代的价值，而周仪和普通的程序员没什么两样，各方面都不突出，随时都可以被新入职的员工取代。

有一天客户的网络突然断了，领导吩咐周仪马上排查，解决眼下的问题。周仪感到一头雾水，问道："客户是什么原因导致的断网啊？我该怎样排查呢？"领导说："我是让你解决问题的，而不是问问题的，我自己能做的事还用你来做吗？"周仪红着脸一句话也说不出了。最后还是沈恒出马才解决了问题，沈恒确实能力过人，三下五除二就让网络正常运行了。二人能力的高下领导一眼便看出了，从此对沈恒明显更重视了些。

有一次领导发现程序出现了问题，界面上不显示任何东西了，忙问周仪是怎么回事，周仪随口就说："肯定是后台那边哪个程序把配置文件写坏了，导致界面读取配置出错。"负责后台开发的程序员得知周仪这样说自己时，感到气不打一处来，他想周仪自己技术都不过关，有什么理由怀疑别人呢，在没有任何根据的情况下就这样信口开河，情商未免是太低了。领导对周仪的回答也很不满意，最后他又把忙于其他工作的沈恒找来，沈恒很快就纠正了程序的错误，并没有把责任推到任何人的身上，而是平静地说："程序上偶尔出现 bug 没有什么大不了的，这种问题也比较容易解决。"此后周仪和后台程序员的关系越来越僵，由于处事方式不当，他在短短一年时间里几乎得罪了大部分的程序员，而沈恒却成了公司里最受欢迎的人。

职场人士核心竞争力的主要因素包括工作能力、职业精神和情商等，其中工作能力是硬件，能力平平的人不可能被当成高级人才，情商是软件，智商高、情商低的人多数都不会受到重用，想要让自己成为具有绝对竞争力且不可替代的员工，必须提升自身实力，同时把自己塑造成高情商的人。当然这不是朝夕之间就能做到的事情，但是朝着这样的方向努力，你的职业价值才能有所提升。

08. 不断给自己充电，才能与时俱进

> 学习绝不是一件一劳永逸的事，在这个科学技术日新月异、信息高速发达的社会，你必须抱有活到老学到老的理念。

在校时，你的天职就是学习，那么步入职场以后，你是否还像以前那样敏而好学呢？有的人认为只要能做好本职工作就可以了，没有必要再去充电学习，这种想法显然是落伍的。当今时代，社会处于高速发展的时期，知识更新的速度非常快，新的技术不断涌现，新方法新理念层出不穷，如果别人注重与时代接轨，只有你疏于学习，那么你显然要落后于别人。

职场新人除了要掌握最基本的工作技能以外，还要做到与时俱进，随时更新自己的知识体系，积累新的经验，不断给自己充电，只有这样才能让自己把工作做得更加出色，使自己获得更多的益处。

莫楠大学攻读的专业是会计，毕业之后成为了一名会计助理。公司业务繁忙，几乎每个工作日她都要加班，到了月末结账时，她更是忙得不可开交，有时难免会忙中出错，而财务是非常精细的一份工作，正所谓差之毫厘，谬以千里，一点小小的差错都会导致下个月的工作无法进行，查账成了她每个月月末的必修课。起初莫楠

把所有的精力都用在了学习财务的基本技能上，但总会计说："你不能只掌握基本的财务知识，我国的会计法和其他法规都已经出台了新的规定，你最好抽出时间了解一下，否则很多业务都会出错。"莫楠想自己每天都忙得焦头烂额，哪有时间掌握新的法规呢，所以并没有把上司的话放在心上，直到有一天她因为不了解新政策，做错了好几张凭证，被批评了一通才想着恶补新知识。

莫楠好不容易利用业务时间补充了新知识，总会计却又给她提出了另外一个建议，希望她能考取中级会计师职称。莫楠说考这个职称有工作年限的要求，她现在不合乎标准，总会计师说她可以提前做些准备，这样等真正考试时也会更加顺利。莫楠想，自己有上岗证就有资格从事财务工作，何苦又要考别的证书呢？在学校时她就非常讨厌考试，没想到工作以后还要考试。总会计师看出了她的心思，语重心长地对她说："公司新成立了很多个办事处，想从内部培养几个会计，如果你不想永远做助理的话，最好拿到中级会计师证书，因为公司要求在办事处工作的会计必须有这个证书。现在公司又招了几个财务人员，他们都在忙着学习中级会计的知识，你要是不求上进，恐怕以后就得给他们打杂了。"

以前，莫楠以为所谓的活到老学到老都是陈词滥调，人没有必要终生学习，掌握一些基本的工作方法就能把工作做好，没想到参加工作以后要学的东西比上学时还多，她虽然很不喜欢学习，但迫于现实的压力，必须得让自己跟上时代的步伐。为了获得更好的发展，莫楠每天下班后即使疲惫不堪也坚持学习，有时看书看累了就趴在桌子上睡着了，渐渐地，她又找回了学生时代备考的感觉。功夫不负有心人，通过坚持不懈地努力，她终于顺利拿下了中级会计资格证的证书，那时公司的分部早已遍地开花，急需高水平的财务人员，莫楠有幸被提拔为分部的新任会计。她所在的分部靠近沿海

第十章
努力提升自我，在蜕变中完成超越

地区，公司的部分产品远销到海外，这就涉及进出口的问题，这项业务是她在原来的部门所没有接触到的，为了尽快熟悉业务，她又迅速学习了很多有关进出口的相关知识，并且时刻留意最新的法规，看来成了有一定资历的会计也还是要继续给自己充电的。在校不爱学习的她参加工作以后变得爱学习了，而且把学习当成了一种工作习惯，对于这一惊人的转变她自己也感到惊讶。

学习绝不是一件一劳永逸的事，在这个科学技术日新月异、信息高速发达的社会，你必须抱有活到老学到老的理念，通过各种渠道来给自己充电，使自己的专业基础更加扎实，专业技能不断提升，只有这样你才能走在时代的前沿，成为社会和企业所需要的人才。

09. 增强你的附加值

> 在实力旗鼓相当的情况下，你的附加值越大，受到提拔和重用的概率就越高。

一些职场人士认为只要把自己的本职工作做好就算称职了，没有必要去做职责范围以外的事，这种观点显然是不对的。如果你能增加自己的附加值，就能比别人多一份竞争力，在实力旗鼓相当的情况下，你的附加值越大，受到提拔和重用的概率就越高。附加值的意义在于你的付出远多于索取，这就会让人觉得你物超所值，如果你除了能处理好本职工作以外，还能为公司创造额外的价值，当然会令老板对你刮目相看。反之，如果你只盯着职责范围内的工作，处理不了公司临时任命的任何工作，你的劳动价值就会被贬低。无论如何，附加值只会为你增分，增强你的附加值，你便能获得更加有利的地位。

琼芳是一家公司的总裁秘书，她所供职的公司近几年规模不断扩张，年营业额已经突破了十亿人民币，公司的利润翻倍增长，可琼芳的工资却涨幅不大，总裁对她的工作能力评价也不高。有一天总裁正和各分公司的经理开会，公司的财务总监打来电话说证券公司的罗总想要拜访他，顺便请他吃顿便饭。

总裁开完会后，琼芳马上把财务总监传达的消息告诉了总裁，总裁对那个证券公司知之不多，觉得见面可能只是一种无聊的应酬，不愿意浪费自己的宝贵时间，可是如果不见面，也有可能失去商机。他想了一会儿，在见不见罗总的问题上难以定夺，于是便问琼芳："你觉得我有必要见这个罗总吗？"琼芳根本想不到总裁会问自己这样的问题，一时张口结舌，回答不上来。总裁看到她那副样子，脸上露出了失望的表情。

琼芳已经准确地转达了财务总监给总裁的信息，她在工作上并没有出现什么失误，那么总裁为什么会对她失望呢？因为总裁需要的是一个真正能辅佐自己工作的助手，而不是一个传声筒，琼芳只完成了基础性的工作，却没能进一步为总裁排忧解难，无怪乎总裁感到不满了。如果她能在接听完电话后，及时查询一下证券公司的相关信息，就可以在总裁征求自己意见的时候，把自己掌握的情况提供给总裁，这样总裁就能在最短的时间内做出决策了，而琼芳收集信息的工作就属于附加值。

对于职场新人来说，最初从事的多半是平凡琐碎的基础性工作，这些工作通常技术含量比较低，如果你没有条件掌握更高的技能，职业发展就会受到很大的限制。增加自己的附加值，为公司多

第十章
努力提升自我，在蜕变中完成超越

创造一些价值，是你获得老板青睐的一种重要途径，也是你实现职业生涯转折的一个契机。

一家航空公司的乘务长，在每次航班起飞前都会查询旅客的名单，并从中挑出几名幸运乘客，将写着祝福话语的卡片赠送给他们，有时还会附赠一些精美的小礼物，这种待遇是其他航班所没有的，旅客们因此对这家航空公司的服务分外满意。得到赠品和祝福的旅客将自己的经历分享到了网上，吸引了更多的乘客前来乘坐这家航班。航空公司的利润大涨，这位给公司创造了更多价值的乘务长自然也受到了更多的重视，他的薪水和奖金都涨了一倍。

无独有偶，有位邮递员，因为考虑到有部分业主在信件到达时可能在外地度假或长期出差的情况，乐于为这些顾客提供存储或邮寄服务，而受到了顾客们一致的称赞，因此促使邮局的营业利润增加，他本人也成为了公司里的优秀员工。

作为一名普通的工作者，要学会创造自己的附加值，不要只满足于完成一些基础性的工作，还要在自己的专业领域拓展一些额外的才能，如果你能让自己变得更有价值，就能为自己的职业晋升赢得宝贵的一票。当然需要注意的是，在重视自己附加值的同时，绝不能喧宾夺主，忽略了自己的本职工作，因为附加值是为你增分的砝码，而本职工作才是你安身立命的根本，在做好本职工作的基础上，提升自己的价值，你就能为公司创造更多的价值，同时也能为自己的职业晋升搭建阶梯。